AF325326

PHYSIOLOGIE

DE TOUTES

LES RACES DE CHEVAUX.

Paris. — COSSON, imp., 47, rue du Four-St.-Germain.

PHYSIOLOGIE

DE TOUTES

LES RACES DE CHEVAUX DU MONDE,

Organisation des Haras étrangers,

ET

LA QUESTION CHEVALINE EN FRANCE,

PAR

HAVEZ-MONTLAVILLE.

PARIS,

CHEZ Mme Ve BOUCHARD-HUZARD, ÉDITEUR,

RUE DE L'ÉPERON, 5,

ET CHEZ L'AUTEUR, 8, RUE LAS-CASES.

—

1850.

LA QUESTION CHEVALINE EN FRANCE.

LA QUESTION CHEVALINE

EN FRANCE.

La question chevaline est intimement liée à la question agricole. Les progrès que nous pourrons faire dans la multiplication et le perfectionnement de nos races de chevaux ne peuvent manquer d'influer directement sur l'agriculture de notre pays. La France est essentiellement agricole; c'est donc pour nous un intérêt tout national de chercher à atteindre un degré plus élevé dans la science hippique : nous avons tout ce qu'il nous faut pour cela, la richesse végétale du sol et de bonnes races de chevaux.

Il est de notre devoir de ne pas négliger, laisser dépérir une des branches les plus importantes de notre agriculture et nous placer, sous ce rapport, au-dessous d'États d'une importance relative bien moindre et que la nature n'a pas favorisés comme nous. Une prompte décadence serait inévitable, si nous ne prenions pas tous les moyens, non-seulement de maintenir, mais encore de développer et d'améliorer les éléments que nous possédons déjà. Pour éviter un résultat si nuisible à l'agriculture d'une grande partie de la France, il faut que, du côté du gouvernement, comme chez les particuliers intéressés directement à la question chevaline, il y ait de la bonne volonté, du zèle, de la patience, l'absence de toute passion et surtout une résolution ferme et soutenue de marcher constamment et rationnellement vers le progrès dans l'art de l'élevage.

Il y a, on le sait, deux opinions bien tranchées sur le mode de propagation de l'élève du cheval. Les uns (et ils sont en grande majorité, il faut le dire) adoptent pour principe que l'État doit diriger la reproduction chevaline, y intervenir directement par l'administration des haras, ressortissant du ministère de l'agriculture ; les autres veulent qu'on abandonne le soin de la propagation aux particuliers eux-mêmes, en les laissant parfaitement libres de pratiquer tel système de croisement qui leur paraîtra bon ; en un mot, ils veulent qu'on supprime toute action de la part de l'administration, autrement dit, qu'on supprime cette dernière.

Avant d'aller plus loin, qu'on nous permette d'avouer que nous sommes totalement désintéressé dans la question et que nous écrivons ces

lignes avec une impartialité absolue. Nous n'a-
vons en vue dans cet humble travail que l'intérêt de notre pays en général, et de notre agriculture en particulier.

En principe, nous sommes d'avis que l'État
doit diriger la propagation chevaline, en ce sens
que c'est à lui d'éclairer, de diriger les éleveurs
sur les modes de croisement qui sont plus propres à assurer à l'armée et aux besoins du commerce des sujets aptes aux différents services
auxquels ils sont destinés, de leur fournir de
bons étalons de sang et de demi-sang, dont ils ne
pourraient souvent faire eux-mêmes l'acquisi-
tion ; de faire que nos races ne dégénèrent pas,
que nous puissions être certains de satisfaire aux
besoins de la cavalerie dans toute éventualité.
Son intervention doit surtout tendre, par une
sollicitude active et une vigilance continuelle, à
amener nos producteurs à ne pas propager de
chevaux défectueux, sans caractère et inaptes à
aucun service ; à cesser de laisser au hasard le
soin et le mode de la reproduction ou de se servir pour celle-ci de mauvais étalons campa-
gnards et de juments tarées, difformes, ruinées,
qui ne peuvent donner que de détestables individus. Ce dernier abus n'est que trop répandu

dans nos campagnes, et il faut tout faire pour l'extirper. Enfin, l'Etat doit, en tant que possible, faciliter aux éleveurs des débouchés avantageux pour leurs produits reconnus bons.

L'intervention de l'État, rétablie en 1806, a sans doute été d'un grand secours pour relever notre industrie chevaline presque anéantie à cette époque. Elle avait été, depuis 1790, laissée entièrement libre et sans contrôle, d'où l'abâtardissement de nos races et leur disparition presque complète, d'où aussi un grand nombre de mauvais chevaux. Cela est vrai en partie. Mais il est une autre raison, c'est que les guerres de la révolution et des premières années de ce siècle avaient enlevé tout ce qu'il y avait de bons chevaux et même de médiocres dans nos provinces pour les besoins continuels de notre cavalerie, et que par suite il ne restait plus, en grande partie, pour la reproduction que des sujets défectueux et souvent tarés. Ce sont là des faits vrais, qu'ont certifiés plus d'une fois d'anciens officiers de cavalerie de l'Empire.

Maintenant, est-il nécessaire de faire observer que de 1790, année où fut supprimée l'administration des haras, jusqu'aux guerres du Consulat et de l'Empire, il n'était pas possible à l'é-

lève du cheval, en présence des évènements po
litiques intérieurs et extérieurs, non pas de se
développer, mais même de se maintenir dans
l'état où l'administration l'avait laissé? Les
phases terribles qui se sont succédées à cette
époque ne pouvaient, en aucun cas, donner carrière aux efforts, à l'émulation de nos éleveurs,
et, partant, à l'amélioration des produits de l'espèce. C'est là un point sur lequel il n'est point
nécessaire d'insister : nous en conclurons seulement qu'on ne peut, en termes absolus, asseoir
un jugement sur le mode de la propagation libre de l'espèce chevaline, en s'appuyant sur
l'expérience de ces seize années. Il n'est pas
d'ailleurs besoin d'un pareil argument pour con-
vaincre de l'impraticabilité de ce système.

Il faut pour l'extension de l'industrie chevaline une ère de paix; elle ne peut se passer de
cette condition de succès, encore moins que
toute autre branche d'agriculture. Ce gage de
progrès et d'amélioration lui a manqué; nous ne
pouvons donc encore une fois juger, sur cette
époque, le principe de la reproduction chevaline laissée en toute liberté aux particuliers.

Quoi qu'il en soit, l'État, nous le répétons,
doit diriger la propagation de l'élève du cheval

par les considérations diverses que nous avons
émises plus haut. Nous ajouterons encore que
cette direction est indispensable, parce que l'É-
tat possède seul les moyens d'encourager, de
protéger efficacement, en présence de la con-
currence étrangère, les produits de notre pays
par des primes de tout genre, des subsides, des
récompenses. Nos voisins peuvent faire l'élève
du cheval à moins de frais que nous et ont grand
profit à le propager. Cependant, sous plusieurs
rapports, leurs produits sont inférieurs aux nôtres; mais nous n'avons pas tous les chevaux
qui nous sont nécessaires, et il faut partant recourir à eux. Les divers encouragements que
donne l'État à l'industrie chevaline sont, il faut
le reconnaître, et surtout aujourd'hui, de puissants auxiliaires pour beaucoup de nos petits
éleveurs qui, si ces avantages venaient à cesser,
abandonneraient complètement demain l'élève
du cheval.

L'administration des haras est enfin nécessaire pour entretenir des haras-souches où nos
races soient conservées et qui soient en même
temps des pépinières où se forment des hommes
spéciaux, capables d'aider au progrès de la production chevaline, qui a grand besoin de ces

hommes aujourd'hui que peu de particuliers entendent bien cette importante question, surtout au point de vue pratique, et que la science hippique est regardée comme un hors-d'œuvre en fait de connaissances utiles.

Nous savons bien que, hors de l'intervention de l'État, on pourrait toujours se fier à la sagacité et à l'intelligence de beaucoup d'éleveurs, auxquels le jugement et la raison ne feraient pas défaut dans les systèmes de croisement, dans le choix des sujets destinés à la reproduction. Mais ceux-là ne forment malheureusement pas la majorité des éleveurs ; tous leurs efforts et leur zèle ne suffiraient pas pour empêcher la décadence et la ruine de nos races dans un temps donné.

On ne peut donc admettre la liberté illimitée et sans contrôle de la propagation chevaline, parce que l'impulsion, la direction manquant, elle mène infailliblement à l'anéantissement des races. En effet, plus que jamais, l'inintelligence et le caprice d'un grand nombre de nos éleveurs présideraient aux croisements, à l'accouplement ; les pâturages ou enclos ne verraient qu'engendrer davantage, par le fait de poulains de deux ans, des sujets sans caractère, chétifs ou impropres à aucun service. Ces abus ne peuvent que s'étendre de plus en plus sous l'empire d'une liberté sans contrôle; on pourrait calculer le temps où il nous faudrait recourir à l'étranger pour toute la remonte de notre cavalerie, aussi bien que pour les besoins du commerce. Tel serait, nous le croyons, pour la France du moins, le sort réservé à l'élève du cheval, abandonné à lui-même et sans aucune direction.

Nous avons constaté ces résultats dans plusieurs des contrées que nous avons visitées. Ainsi, pour ne parler que de la Transylvanie, plus près de nous que les autres, dont la belle race de chevaux est connue de tous les amateurs, c'est à peine s'il serait possible aujourd'hui d'y rencontrer quelques centaines de sujets de pure race, parce qu'on a laissé dans le principe les paysans, qui font beaucoup d'élèves, libres de propager l'espèce comme ils l'entendaient. Le résultat fut désastreux; car, inintelligents et arriérés comme ils le sont encore presque tous dans cette partie reculée de l'Autriche, ils croisèrent la race transylvaine avec des chevaux communs de Hongrie, de Bohême, de Pologne, de Russie, d'Autriche, sans aucune espèce de raison, ce qui amena infailliblement, par la suite, l'abâtardissement des chevaux du pays. Ces effets fâcheux furent longtemps combattus par les efforts dispendieux de deux cents riches propriétaires environ, qui s'efforcèrent de conserver la souche transylvaine pure, mais qui, las de faire des sacrifices inutiles, supprimèrent presque tous leurs haras en 1828. Depuis vingt ans, les administrations des provinces de la Transylvanie ont pris en main la direction et ont organisé la propagation de l'élève du cheval. Aujourd'hui, par une réaction forcée, les paysans éleveurs sont astreints à des règlements sévères. Il faut, s'ils veulent vendre des chevaux à la remonte autrichienne et aux gardes-frontières, qu'ils prouvent que les mères de ces chevaux ont été saillies par les étalons provinciaux et qu'elles étaient dans de bonnes conditions.

La même décadence des races de chevaux, résultant des mêmes causes, existe aussi dans les provinces turques du Danube. Aujourd'hui, ces contrées, autrefois si riches en bons et beaux chevaux, en possèdent peu. On y rencontre, en revanche, beaucoup de chevaux médiocres.

Si, cependant, il appartient à l'administration supérieure de diriger et d'influencer la propagation chevaline, c'est à la condition qu'elle ait à offrir aux producteurs de bons étalons ; sans quoi son action deviendra nulle, comme cela est arrivé dans ces derniers temps en Hongrie, où un séjour de deux années nous a permis d'étudier tout spécialement l'élève du cheval. Les comitats entretenaient des étalons pour le service des éleveurs et surtout des paysans. Ces étalons, depuis quinze ans, étaient dépourvus de plus en plus des premières qualités nécessaires à un bon reproducteur. Eh bien ! il est arrivé de là que depuis quelques années les propriétaires et les paysans ont cessé de s'en servir, et font saillir leurs juments par des étalons particuliers appartenant, les uns à des propriétaires de haras, les autres à des étalons des villages qui élèvent des chevaux. Les comitats, dans ces derniers temps, ont dû, en voyant l'inutilité des stations, se résigner à supprimer leurs étalons qui, comme nous avons pu le constater, étaient généralement vieux, mous et peu nobles. Ils les supprimèrent donc successivement, et il en reste aujourd'hui fort peu. Ajoutons que toute l'action du gouvernement était bornée à l'établissement des stations provinciales d'étalons.

La Hongrie était donc devenue de fait complètement libre pour ce qui regardait la propagation chevaline. Cependant, elle n'eut pas à regretter les mauvais résultats auxquels on aurait dû s'attendre, comme dans les pays où l'élève du cheval avait été abandonné aux soins des particuliers. Il en fut autrement. L'élève du cheval hongrois n'a pas souffert de cet état de choses, et le pays fournit aujourd'hui au commerce et à la cavalerie plus qu'il ne l'avait fait jusqu'ici. La remonte annuelle des chevaux des régiments de hussards autrichiens, dont l'effectif monte à environ 30,000, y compris ceux des hussards des comitats, s'y fait tout entière. Ces chevaux sont tous de choix, très corsés, fortement membrés, musculeux, durs et fort souples. Cette dernière qualité, qu'on pourrait peut-être leur marchander à cause de leurs formes replètes, a pu être constatée par nous plus d'une fois, notamment sur la plaine de Bude, où nous avons vu, un jour de fête, en présence de l'archiduc palatin Joseph et du prince royal de Wurtemberg actuel, exécuter par un régiment de hussards une sorte de fantazzia arabe, avec une agilité et une souplesse de mouvements admirables. Ces chevaux ont en général assez de force et de taille pour servir au besoin à la cavalerie de réserve, aux hulans et aux chevau-légers.

La Hongrie pourrait fournir le double de ce qu'il faut à la remonte des hussards, quoiqu'elle livre aussi au commerce beaucoup de chevaux pour la Russie, la Pologne, l'Autriche et même la Prusse. Les propriétaires ont encore beaucoup de chevaux de selle et de carosse excellents : chaque propriétaire a, en moyenne, dix ou douze chevaux, le paysan deux et souvent quatre, quand il a vendu les meilleurs à la remonte et au commerce. On peut, d'ailleurs, se faire une idée du grand nombre de chevaux que possède le pays, quand on se rappelle que, l'année dernière, le gouvernement révolutionnaire hongrois, en moins de six mois, était parvenu à organiser soixante escadrons de cavalerie légère et de réserve.

Ainsi la Hongrie, où, de fait, l'administration ne dirige plus depuis plusieurs années la propagation chevaline, est un des pays les plus florissants sous ce rapport. Ces résultats s'expliquent d'abord par l'inhabileté de l'administration et les mauvais étalons qu'elle avait à offrir aux particuliers ; ensuite, par des raisons qui n'existeraient pas chez nous, si nous étions dans les mêmes conditions.

En effet, en Hongrie, les éleveurs, propriétaires et paysans, ne font point de l'élève du cheval exclusivement une spéculation, et s'attachent avant tout, même au prix de sacrifices répétés, à ennoblir et à améliorer les chevaux indigènes. C'est, chez eux surtout, une question d'amour-propre national. Toutes les classes de la société hongroise, les paysans même, aiment le cheval d'instinct: ces derniers voient en lui un ami, un compagnon, pour lequel ils sont pleins de sollicitude et à qui ils ne dédaignent pas d'adresser vingt fois par jour des mots de douceur et d'attachement. Ce peuple, on le sait, est essentiellement cavalier, et occupe, à ce titre, le premier rang en Europe.

Chacun met donc de l'ambition, pour ainsi dire, dans les soins de la propagation, et veut avoir de bons chevaux qu'il puisse produire à la première occasion. Le paysan n'a cependant pas toujours l'intelligence nécessaire pour obtenir ces résultats; mais il essaie de toutes manières jusqu'à ce qu'il ait obtenu quelque chose qui lui fasse honneur. — Par ces raisons, on peut s'expliquer la position avantageuse où se trouve l'élève du cheval dans ce pays. Avons-nous les mêmes conditions? nous ne le pensons pas. Le principal mobile qui peut attirer vers l'élève du

cheval, ce sont, chez nous, les avantages matériels
et pécuniaires qu'on peut y trouver. Nous ne
sommes donc pas encore une fois dans les heu-
reuses conditions dont nous parlions plus haut,
et le même système de liberté dans la reproduction ne nous réussirait pas comme aux Hongrois; nous croyons même qu'il s'en suivrait, s'il
était pratiqué chez nous, une décadence rapide
dans la production et dans les races.

La Hongrie possède sur son propre territoire
un autre mode de propagation chevaline à l'u-
sage de la cavalerie autrichienne et du commerce, ce sont des haras militairement organisés
qui, possédant beaucoup d'éléments de succès
dans le pays même, sont aussi dans un état florissant. Les chevaux qui sortent de ces établissements sont excellents et supérieurs à tous autres pour le service de cavalerie auquel ils sont
destinés. Depuis quelques années surtout, la cavalerie autrichienne est, sans vouloir ôter du
mérite de la nôtre, parfaitement montée : c'est
un fait que nous pouvons certifier, d'après nos
observations et celles de voyageurs plus spéciaux
que nous. La Prusse, la Russie, une grande partie de l'Allemagne, recherchent ces chevaux.
Ceux qu'on ne livre pas à la remonte annuelle

sont vendus au public, aussi bien que les étalons
et juments qui dépassent le nombre voulu pour
les besoins des établissements. De nombreux
amateurs viennent de tous les points de l'intérieur et des États frontières pour acheter de ces
chevaux. Nous donnons plus loin la description
de ces haras militaires.

La reproduction abondante des chevaux en
Hongrie trouve cependant ses débouchés. Il n'y
a qu'un seul tronçon de chemin de fer ; les routes
sont dans le plus mauvais état, à l'exception de
celle qui conduit de Pesth à Vienne ; les autres
sont impraticables si on n'a pas des voitures légères et des attelages nombreux de vigoureux
chevaux trotteurs. Ensuite, le goût de l'équitation, inné dans toutes les classes de ce peuple,
chez lequel l'on voit souvent des enfants de cinq
et six ans montés à poil et conduisant le soir, à
fond de train, quatre et six chevaux dans les plaines, entretient un besoin considérable de chevaux de selle. Chaque gentilhomme a de quatre
à cinq chevaux de selle et de chasse dans ses écuries, outre quatre ou huit chevaux de harnais.
Est-ce avec de telles conditions que la reproduction chevaline pourrait décroître, alors même
qu'elle est abandonnée à elle-même ?

Chez nous, au contraire, où on ne prend pas tous les moyens de le réveiller, le goût du cheval et de l'équitation se perd de plus en plus, et, si l'on n'y prend garde, il ne tardera pas à disparaître entièrement de nos mœurs. Et pourtant notre réputation a été bien grande dans la science hippique et l'équitation ; la renommée de nos tournois, de nos carrousels et de nos chasses ont fait longtemps l'admiration et l'envie de l'Europe. — On ne pourrait donc arguer de l'état de l'élève du cheval en Hongrie en faveur de la non-intervention de l'État en France.

Nos besoins, pour le cheval de selle, se restreignent de jour en jour par suite du développement continu des voies ferrées. Ceux qui le recherchent encore pour un usage obligé tiennent aujourd'hui à avoir des chevaux qui soient en même temps propres à être attelés, en d'autres termes, des chevaux à deux fins. Ce sont ces chevaux qu'il faut désormais s'attacher à faire produire à notre pays ; ce sont ceux, il faut le leur persuader, dont le débouché leur est maintenant le plus facile. C'est un argument toujours concluant que celui du débouché, et si l'industrie chevaline périclite tant de nos jours, si cette branche d'agriculture est généralement en souffrance, c'est que ces débouchés manquent, parce que les chevaux sont peu demandés, parce qu'on en offre un prix inférieur même aux déboursés de l'éleveur, parce qu'enfin on les refuse souvent à cause de leurs défauts de formes et de taille.

On sait que nous sommes obligés d'acheter à l'étranger chaque année 25,000 chevaux, tant pour la remonte de la cavalerie de réserve et de ligne que pour le commerce : ce sont précisément tous chevaux généralement à deux fins. C'est là, quoiqu'on en dise, un lourd impôt qu'en définitive le pays paie lui-même; c'est pourquoi nous devons tendre de tous nos efforts à nous en affranchir. C'est une condition essentielle pour un État de suffire par lui-même aux besoins de son armée, et surtout de sa cavalerie. On dit, et nous le savons bien, qu'il y a compensation, parce que nous exportons annuellement pour la même valeur ou à peu près de chevaux de trait et de mulets. Mais faut-il s'arrêter à ce résultat qui n'est, ce nous semble, que négatif? Nous devons faire que nos voisins, qui ne peuvent se procurer chez eux certaines espèces qui leur sont nécessaires, continuent à être nos tributaires et que nous cessions d'être les leurs, en produisant nous-mêmes ces 25,000 chevaux à deux fins que nous leur demandons jusqu'ici.

L'administration doit faire tous ses efforts pour arriver à ce but. L'agriculture y gagnera la première, puis nous serons assurés de satisfaire aux besoins de l'armée et des particuliers dont l'argent, donné aux étrangers, ira désormais dans les mains de nos agriculteurs. En outre, la propagation de ces chevaux nous permettra toujours de parer à toute éventualité, et si une guerre survenait, nous trouverions en peu de temps dans le commerce et chez les particuliers ce qui manquerait pour mettre la cavalerie en campagne. On ne peut compter, en pareille occurrence, sur l'étranger; on sait par expérience que les marchés peuvent nous être fermés à tout moment.

Nous pouvons trouver ces chevaux à deux fins sur notre sol. Nos plus fortes races indigènes, croisées avec des étalons de pur sang ou de demi-sang anglais et plus souvent arabe, croyons-nous, ou de forts étalons carrossiers de demi-sang, suivant les besoins des localités, nous les fourniraient. Si, ce que nous supposons, les produits de ces derniers n'offrent pas toujours les conditions de beauté, de formes et de finesse désirables, ils ne seront pas moins bons

pour l'usage auquel ils seront destinés ; et pourvu
qu'ils aient du fond , de la taille, de la force et
assez de souplesse , nous n'avons rien de plus à
exiger d'eux. On arrivera, en général, à ce but par
une gradation judicieuse et en ne faisant pas
abus du sang , de manière à ne point amoindrir
la taille, la force des membres, le corps assez
rempli de ces chevaux, et à les rendre par la
suite impropres à leur destination primitive. Il
faut sacrifier moins aux formes extérieures et plus
aux qualités intrinsèques ; « de la finesse faut,
pas trop n'en faut, » a-t-on dit déjà, en variant
un vieil adage : cela s'applique surtout à l'espèce de chevaux dont nous parlons. Sans doute
il y a parmi ces chevaux importés de l'étranger
plus d'élégance dans les formes, plus de beauté
en un mot, mais moins de force, de résistance
que chez les nôtres. Nous pensons que pour tout
bon appréciateur, le choix entre les deux espèces ne sera pas douteux , il sera en faveur du
cheval français.

La production chevaline en France, presque
anéantie à la suite des guerres de l'Empire, s'est
relevée depuis vingt ans ; elle a fait des progrès,
cela est incontestable. L'administration des haras y a contribué pour une bonne part, en im-

primant une bonne direction à l'élève du cheval,
en l'encourageant autant qu'elle le pouvait avec
des ressources insuffisantes pour cet objet, en
faisant usage souvent de bons reproducteurs
procurés à grands frais. Cependant, nous pensons qu'elle a besoin depuis plusieurs années
de modifications et d'améliorations importantes,
comme nous essaierons de le démontrer plus
bas. Les premières améliorations, auxquelles
elle doit avant tout s'attacher, consistent à réta-
blir nos races indigènes par un choix plus mé-
thodique, plus raisonné des mères, et de fournir
aux localités des reproducteurs plus nombreux,
jeunes, vigoureux, bien conformés, plus appropriés aux différentes spécialités de la consommation chevaline.

Pour que l'élève du cheval arrive à un degré
prospère et soit surtout profitable à l'agriculture,
il faut mettre en action tous les moyens dont
on peut disposer. Nous allons exposer le plus
succinctement qu'il nous sera possible ceux qui
nous paraissent le plus praticables.

L'insuffisance des étalons, et surtout des bons
étalons, est constante. Les étalons qu'on pourrait appeler ambulants ou nomades, ceux qu'on
voit, à l'époque de la monte, aller de village en

village, ne méritent pas, pour la plupart, ce titre, et ne peuvent que procréer des chevaux médiocres et le plus souvent mauvais. L'élevage des
étalons nobles est trop dispendieux pour la plupart des éleveurs ; ils ne rapportent pas souvent
les déboursés qu'on a dû faire ; car on ne peut
les utiliser aux travaux agricoles, comme on le
fait des reproducteurs communs. De là l'éloignement pour les étalons nobles, éloignement
qui augmente d'année en année. On se contente,
en général, d'élever et d'entretenir des étalons
peu nobles ou communs, qui produisent des chevaux de trait ou de labour, dont on peut tirer
parti au bout de deux ou trois ans, qui rapportent toujours plus et qu'on est sûr de vendre
plus aisément et à meilleur prix que tout autre.
C'est là où se borne malheureusement l'élève du
cheval dans une grande partie de notre pays.

Puisqu'il en est ainsi, il faut que l'administration fasse tous ses efforts pour augmenter la
force étalonnière, s'il est prouvé que les producteurs ne veulent ou ne peuvent pas y contribuer.
Qu'elle multiplie ses stations, c'est un des plus
grands services qu'il soit en elle de rendre à l'a-
griculture. Elle pourrait en même temps majo-
rer le taux de ses primes pour l'élevage des éta-

lons, puis provoquer dans toutes les provinces productrices des expositions, ou concours périodiques de ces animaux ; ce qui attirerait l'attention des éleveurs vers ce point si important de la reproduction chevaline. Outre celles de l'administration, les conseils généraux s'empresseraient aussi d'offrir des primes à cet effet, primes qu'on pourrait élever de deux à trois mille francs.

Nous pensons que l'éleveur trouverait dans ces institutions un encouragement puissant, par l'espoir qu'il aurait déjà de trouver dans ces primes le remboursement d'une partie des frais d'élevage ; et, d'autre part, par la certitude de vendre à bon prix à l'administration l'animal primé. Toutefois, nous n'oserions pas affirmer que ce moyen réussit dans les premiers temps, car il y a des préjugés trop grands contre l'élève des étalons de pur sang et de demi-sang. Il faudra peut-être que l'État se charge longtemps encore de les fournir et de les propager, jusqu'à ce que l'industrie particulière soit convaincue qu'elle peut y trouver un profit certain par la bonne qualité et, partant, par le facile débouché des produits qu'elle obtiendrait par l'emploi de bons reproducteurs.

Les étalons de l'administration laissent à désirer sur plusieurs points, où on se plaint de n'a-
voir que des étalons faibles, âgés, mal appropriés aux besoins des localités où ils sont en
station. Pour ne citer qu'un exemple, le nord de
la Flandre et le Pas-de-Calais ont déjà adressé
plus d'une fois des plaintes à ce sujet. Les éleveurs de ces contrées disent qu'il serait bon
que l'administration vît de ses propres yeux la
race chevaline du pays, et rendît enfin justice à
de justes récriminations, en envoyant des étalons
jeunes, vigoureux et bien appropriés. C'est un
état de choses fâcheux pour ces localités, dont
les marchés sont bien fournis de sujets généralement bons, mais dont un grand nombre laissent à désirer sous le rapport des formes, et qui
par conséquent ne sont pas demandés par le
commerce. « Il est réellement malheureux, di-
sait encore dernièrement un journal de Lille,
que l'on ne puisse pas parvenir à décider l'administration compétente à envoyer des étalons capables, par un croisement raisonné et bien ap-
proprié, de corriger les défauts de formes qui
nuisent tant au commerce de chevaux de notre
pays. » Il y a donc là quelque chose à faire, et
nous croyons que si l'administration était bien

édifiée sur la réalité des faits, elle n'hésiterait pas à satisfaire à de si justes réclamations. Elle doit veiller en tous temps à ce que ses étalons soient irréprochables ; il y va là, ce nous semble, de son propre intérêt. Elle doit encore, en tant que possible, et pour certaines localités, baisser le tarif de la monte, qui peut, pour quelques francs, éloigner quelquefois les paysans : on aiderait peut-être ainsi à les empêcher de se servir de mauvais reproducteurs, qu'on leur offre à bas prix.

Nous pensons qu'il serait bon, ainsi que l'avis en a été exprimé déjà, qu'on arrêtât la propagation des mauvais chevaux, en introduisant une loi de police d'agriculture, par laquelle il serait enjoint de rendre hongre à l'âge de quinze ou seize mois tout cheval qui serait reconnu, pour quelque cause que ce soit, impropre à la reproduction. On oppose à cette mesure mille obstacles ; il peut y en avoir, nous le reconnaissons ; mais on pourra, jusqu'à un certain point, par les conseils généraux, les comices agricoles et les municipalités, arriver à de bons résultats. Il devrait encore être interdit par la même loi de faire saillir des juments défectueuses, ou qui ont prouvé déjà qu'elles ne pouvaient donner de bons individus. Si, parmi les 300,000 chevaux qui naissent annuellement en France, il en est tant de mauvais qui ne possèdent point de formes, de caractère, aucun type, en un mot; c'est aux deux causes seules que nous venons de constater qu'il faut l'attribuer. Nous ne connaissons pas de moyens plus efficaces pour réformer de pareils abus que ces lois, à l'exécution desquelles il serait plus facile qu'on ne pense de faire veiller, au moyen des administrations communales et de la gendarmerie.

Il est nécessaire de faciliter le plus possible la vente des produits de l'industrie chevaline, de ceux, du moins, qui réunissent de bonnes conditions. Le personnel des dépôts de remonte, dans certaines localités, est trop peu nombreux pour parcourir toute la circonscription assignée au dépôt et faire tous les achats qu'il pourrait effectuer, si les tournées étaient plus fréquentes. Il y a des localités qui se sont plaintes de n'avoir pas vu en deux ans, et quelquefois même en trois ans, un officier de remonte. Ainsi, des sociétés d'agriculture du Pas-de-Calais, où la cavalerie peut trouver un grand nombre de chevaux, ont signalé plus d'une fois l'absence prolongée des officiers de remonte dans leurs arrondissements.

Des visites, aussi fréquentes que possible, dans les écuries des éleveurs ne pourraient produire que de bons effets. Il ne faut pas croire que ces derniers aillent toujours présenter ou offrir leurs chevaux; il en est que leurs occupations, l'insouciance, ou tout autre obstacle empêche de le faire. Nous avons constaté ce fait plus d'une fois.

Les officiers chargés de la difficile mission des achats doivent procéder avec la plus grande justice et la plus grande impartialité, en même temps qu'ils doivent apporter à ces opérations des connaissances pratiques bien prouvées. Il faut que les éleveurs aient la certitude de voir apprécier la bonté des sujets qu'ils présentent à la remonte, et de vendre ceux-ci lorsqu'ils offriront les conditions de taille, de conformation, de force voulues, et seront exempts de toute tare. On arrivera ainsi plus facilement à faire qu'ils éprouvent moins d'éloignement pour l'élève de ces chevaux.

Il serait encore bon, et c'est une opinion partagée par beaucoup d'hommes spéciaux, qu'on payât plus généreusement ces chevaux, car les prix actuels couvrent à peine leurs propriétaires des frais bruts d'élevage, surtout dans ce temps où les produits des autres branches de l'agriculture sont à vil prix, et que les charges de celle-ci sont augmentées. Il nous semble que cent ou cent cinquante francs, en moyenne, offerts en plus sur les prix qu'on donne actuellement pour les chevaux de remonte, ne constitueraient pas un accroissement de dépense énorme sur cet article du budget de la guerre, en égard au petit nombre de chevaux nécessaires chaque année à notre cavalerie (7 à 8,000 environ.). Nous voudrions de plus voir accorder par le ministère de l'Agriculture, sur les fonds alloués à titre d'encouragement aux haras, une prime légère pour tout cheval fourni à la remonte. On ne doit négliger aucun des moyens qui peuvent stimuler l'industrie chevaline, et en particulier attirer les éleveurs vers la production de ces chevaux, en les détournant peu à peu de celle des chevaux de trait et de labour, à laquelle ils semblent vouloir s'adonner exclusivement, certains qu'ils sont, il est vrai, de s'en défaire plus facilement, et parce que leur élevage coûte beaucoup moins. Il faut, avant tout, s'efforcer d'arriver à ce résultat, que pas un cheval de cavalerie ne soit acheté à l'étranger.

Le grand problème à résoudre dans la science

hippique, c'est l'amélioration constante des races, c'est leur ennoblissement continu : les courses de chevaux sont en général le moyen le plus direct d'arriver à cette solution. C'est là un fait incontestable, adopté unanimement et qu'il faut bien proclamer comme le meilleur, lorsqu'on constate l'existence de cette institution dans presque toutes les parties de l'Europe : on ne peut admettre qu'une même erreur soit partagée par tous les peuples civilisés. Les hippodrômes, depuis vingt ans, ont été multipliés, parce qu'on a partout acquis la conviction que c'est en effet le seul moyen d'éprouver les chevaux de sang et de constater en eux la puissance d'organes, la vigueur de muscles, la force et les autres qualités propres à la régénération des races : ils mettent à même de distinguer les chevaux d'élite des chevaux que la faiblesse de leur organisation doit faire refuser par l'administration des haras.

Les courses sont instituées depuis longtemps en France. Les premières qu'on ait connues furent fondées par Henri IV, en 1587, dans l'enclos du château de Montoire, près Saint-Omer. Elles avaient lieu tous les ans, le premier dimanche de mai, et se continuèrent jusqu'en 1789.

Plus tard, en 1776, le prince de Lambesc en
institua à Paris. C'est donc, on le voit, une institution qui, chez nous, ne date pas d'hier.

Nous pensons qu'on ne saurait trop multiplier les courses, tant pour les motifs que nous
avons énoncés plus haut que pour stimuler le
zèle des éleveurs et le goût du cheval dans notre
pays. Il faudrait en établir partout où il y aurait
possibilité de le faire, et multiplier les courses
au trot qui ne sont pas assez nombreuses pour
l'amélioration de certaines spécialités chevalines. On pourrait aussi y joindre des courses de
tilbury, en Normandie et en Artois surtout. Ces
sortes d'épreuves ont lieu périodiquement dans
une grande partie de l'Allemagne, en Hongrie ;
on a lieu de s'en louer, pour l'amélioration des
chevaux à deux fins en particulier. Ce sont précisément les chevaux dont nous avons le plus grand
besoin, puisque c'est l'étranger qui nous les fournit en grande partie, comme nous l'avons déjà dit.

Il faut rendre l'hippodrôme plus accessible
aux chevaux élevés par nos paysans, en y augmen-
tant les prix en faveur des sujets qui montre-
raient du sang et de la vigueur dans ces épreuves,
et en fixant pour les chevaux vainqueurs un
taux d'achat assez fort pour le compte du gou-

vernement. On ne peut douter de l'efficacité de ces moyens qui ont réussi partout où on les a essayés. Il ne faut pas se borner à un petit nombre de ces essais, mais les multiplier comme on l'a fait en Autriche, Bohême, Styrie, Wurtemberg, Hongrie, Pologne et Russie. On y fixe toujours dans les courses plusieurs épreuves pour les chevaux des paysans, montés par eux-mêmes. Les amateurs se présentent en grand nombre, suivis d'une partie de la population de leurs villages qui s'intéresse fort à ces solennités. Nous avons souvent assisté à ces courses, et nous y avons vu d'excellents chevaux parmi ceux qui ont concouru. C'est un puissant moyen d'émulation pour les paysans de ces contrées : ils sont fiers de produire en public les chevaux qu'ils ont élevés ; ils les parent pour ces circonstances de rubans et de fleurs, et se rangent fièrement en long peloton pour disputer les prix. C'est un de leurs plus beaux jours de fête. Ils ne sont pas moins stimulés d'ailleurs par l'espoir qu'ils ont d'obtenir un bon prix de leurs chevaux s'ils sont vainqueurs ; s'ils ne le sont pas, les bonnes qualités, que la course a pu constater en eux, les font encore acheter sur le turf même par des propriétaires.

Nous mentionnerons encore une amélioration essentielle à introduire, c'est d'amener les producteurs à dresser les jeunes chevaux qu'ils veulent vendre. On pourrait en faciliter les moyens : les éleveurs aussi bien que la remonte et le commerce y trouveraient de grands avantages. Les premiers obtiendraient des prix plus élevés des sujets qu'ils fournissent à la cavalerie, qui, de son côté, n'aurait plus tant de répugnance, dans beaucoup de cas, à acheter de ces chevaux pour lesquels il faut souvent, au régiment, six et souvent huit mois de dressage, ce qui n'empêche pas toutefois qu'au bout de ce temps on soit obligé d'en réformer à cause de la presque impossibilité qu'il y a de les dresser. Si ces chevaux sont d'une nature rétive, ce défaut a grandi avec l'âge et il faut renoncer, à l'âge de cinq et six ans, à les rendre propres au service de l'escadron.

Nous ajouterons qu'on n'a peut-être pas, jusqu'à un certain point, les moyens, dans les régiments, de réussir dans cette opération difficile et surtout délicate. Les règles fixes et uniformes imposées aux cavaliers dresseurs de recrues de remonte ne sont pas toujours convenables au même degré, pour tous les chevaux indistinctement. Ainsi il arrivera souvent que le cheval qui sera resté rebelle à ce dressage, et par suite aura été réformé, pour être souvent vendu à vil prix, eût fait un bon sujet s'il eût été dressé librement par les hommes qui l'ont élevé et le connaissent à fond, ou par des écuyers du pays, qui manient ces chevaux avec l'adresse qu'ils ont acquise par une longue expérience.

Le même désavantage qui résulte du non-dressage existe tout aussi bien pour les chevaux destinés au commerce et aux particuliers. Il y a dépréciation nécessaire de l'animal, quelques bonnes qualités qu'il ait du reste, s'il ne peut pas rendre de suite les services pour lesquels il est demandé. Il est donc à désirer que l'usage de dresser les jeunes chevaux soit provoqué et répandu autant qu'il est possible. Les éleveurs ne tarderont pas à comprendre que cela tourne directement à leur profit. Nous constatons avec plaisir que déjà, dans quelques localités, les conseils généraux et les comices agricoles, ont, depuis quelque temps, pris à cet égard une louable initiative, en autorisant des hommes spéciaux à dresser les jeunes chevaux chez les éleveurs, moyennant une faible rétribution.

Le Conseil général du Calvados vient de fonder un établissement de dressage, tant pour la selle que pour l'attelage, auquel il a alloué des fonds d'entretien, à la condition pour les écuyers de former un nombre fixe d'élèves. On commence déjà à recueillir les avantages de cette mesure, bien qu'elle date de peu de temps, et les éleveurs n'ont pas tardé à sentir les avantages qu'ils en retireraient : ils ont compris que leurs chevaux seront vendus plus facilement et plus cher. Pour que l'institution du dressage acquière de bons résultats, il faut que les administrations départementales et les sociétés d'agriculture prennent l'initiative : on peut s'attendre à ce que les éleveurs ne la prendront pas ; il est toujours difficile de renoncer à de vieilles habitudes, surtout en matière d'agriculture en général. L'administration des haras et le Conseil général d'agriculture feront bien de provoquer dans toutes les localités de la production chevaline la création de cet usage partout où il n'existerait pas déjà. Lorsqu'il sera entré définitivement dans les mœurs de l'élevage, on aura rendu un grand service à l'agriculture du pays.

Pour développer le goût de l'équitation, qui tend à disparaître, il serait bon d'établir des écoles civiles d'équitation dans nos localités, où

on formerait de bons écuyers et de bons cavaliers. La suppression d'une école centrale de ce
genre, qui existait naguère, a été un tort; on reconnaît partout la nécessité de ces institutions.
Le petit nombre de bons écuyers, dans nos grandes villes, est insuffisant aux besoins, ou du
moins le serait dans certaines circonstances.
Aux connaissances qui forment le programme
des études dans les établissements d'enseigne-
ment agricole, dans les écoles vétérinaires et les
fermes-écoles, on devrait ajouter des notions
suffisantes d'équitation et de dressage : c'est un
besoin qu'on comprend dans nos contrées où la
propagation chevaline est plus développée.

Le seul établissement que nous possédions est
celui de Saumur, qui est destiné exclusivement
aux élèves militaires. D'habiles écuyers et des
professeurs très spéciaux y forment d'excellents
cavaliers parmi les jeunes officiers qu'on y en-
voie à leur sortie de l'École militaire. Nous
voudrions voir établir dans plusieurs de nos localités importantes des manéges-écoles où se for-
meraient de bons cavaliers, sous des professeurs
habiles qu'il ne serait pas difficile de trouver.
Nous ne faisons, du reste, que constater un vœu
qui a été formulé souvent dans ces dernières

années : il l'a été officiellement dans le rapport de la commission spéciale pour les haras, instituée le 25 avril 1848. Une faible somme suffirait d'ailleurs, dans le principe, pour établir et subventionner ces écoles, et nos législateurs, nous en sommes sûrs, ne s'y refuseraient pas, quand ils auraient acquis la conviction de l'utilité de ces institutions.

Telles sont nos manières de penser sur la question chevaline dans notre pays. Nous avons exposé purement et sans prétention comment nous l'envisageons ; et s'il nous est permis d'exprimer encore un désir, c'est que cette question importante, tant controversée de nos jours, ait enfin une solution nette, tranchée, et qu'on marche résolument dans le principe qu'on aura définitivement adopté. Plus vite nous sortirons du champ des systèmes, des essais, des hésitations, plus grand sera le service que nous aurons rendu à l'agriculture de notre pays.

LES CHEVAUX DE L'EUROPE.

LES CHEVAUX DE L'EUROPE.

Le cheval français, en raison de la diversité du climat et du sol, présente des caractères variés. Parmi les chevaux de notre pays, on en trouve, tant pour le harnais que pour la monture, qui réunissent les conditions de beauté et de vigueur : ils sont en général de taille moyenne ; ils étaient naguère toujours de race noble, surtout avant la Révolution du siècle dernier. Par le système qu'on employa pour la propagation de l'élève du cheval, en 1806, on entreprit de suppléer au manque de chevaux et d'ennoblir différentes espèces.

Le cheval français est naturellement fort, musculeux et dur ; sa tête affecte assez la forme de celle du porc : il a généralement les oreilles pendantes, l'encolure épaisse, les jambes fortes et poilues.

Dans le Limousin, l'Auvergne et le Périgord on élève des chevaux de selle très renommés, parmi lesquels le cheval limousin excelle par sa belle conformation, sa douceur et son allure facile : il est très convenable pour l'usage de la guerre et de l'école, et est encore fort estimé des étrangers. Cependant il a été croisé souvent avec des chevaux médiocres de sang étranger, et, par suite, dépouillé en grande partie de son caratère primitif. Il faut avouer aussi que l'usage inconsidéré qu'on en a fait souvent pendant la Révolution n'a pas peu contribué à lui nuire.

Le véritable cheval limousin ressemble au cheval berbère. Il a, en effet, sa taille moyenne, sa tête petite et maigre, son cou mince, souvent semblable à celui du cerf, ses jambes musculeuses, son corps ramassé et aisé dans ses mouvements, enfin son allure rapide. Doux, docile et fort sobre, on peut, s'il est ménagé jusqu'à l'âge de six ou sept ans, s'en servir pendant trente ans. Nous devons dire, toutefois, que le cheval limousin pur devient rare ; les croisements avec le sang étranger lui ont ôté ses formes et son caractère.

La race originaire de la Normandie, où l'on trouve de bons chevaux de harnais et des chevaux de selle pour la guerre et pour la chasse, fournit, dans la plaine du Cotentin et de Caen, des chevaux de voiture, autrefois renommés, et, dans la plaine d'Alençon, d'excellents chevaux de selle. — On trouve encore aux environs d'Eu une race d'un sang estimé, qui a cependant la tête allongée et les os défectueux : aussi ne s'en sert-on, le plus souvent, que pour le trait. Les plaines du Mellerault produisent de forts chevaux de selle.

On a voulu aussi, en Normandie, à la fin du siècle dernier, ennoblir la race de cette contrée par des chevaux étrangers, et principalement anglais, mais on n'obtint pas les résultats qu'on désirait. Il est vrai de dire, toutefois, que la Révolution en fut aussi la principale cause, parce qu'elle paralysa presque complètement les efforts tentés. Mais le climat favorable de ce pays, son sol, ses produits, et plus que tout cela le zèle ardent avec lequel les habitants de la Normandie s'attachent à la propagation de l'élève du cheval, ne tardèrent pas, après la tourmente révolutionnaire, à réveiller l'industrie chevaline et à améliorer cette belle race indigène qui allait disparaître.

Les chevaux normands sont plus grands et plus musculeux que ceux du Limousin, d'un usage plus avantageux pour la monture et la guerre, parce que leur croissance est plus rapide. Les chevaux de harnais de cette race ne sont pas aussi grands, aussi musculeux et forts que ceux de la Hollande ; mais, d'un autre côté, ils sont plus durs et d'une allure plus facile. Il ne faut point prendre tous les chevaux de Normandie comme tels, parce qu'il y en a beaucoup qui sont originaires de la Bretagne et du Poitou, où l'on en achète en grand nombre qu'on élève dans les pâturages de la Normandie et qu'on vend ensuite comme indigènes. C'est dans la race Normande qu'on remonte en partie notre cavalerie ; nous devons recourir à l'étranger pour compléter la remonte de la cavalerie de ligne.

La race bretonne est inférieure à la race normande, mais elle l'emporte sur elle par sa nature musculeuse et sa ténacité au travail. Ses formes sont dépourvues d'élégance et irrégulières souvent, ses jambes osseuses : il est enfin de petite taille. Cette contrée en élève beaucoup, car le Finistère, l'Ile-et-Vilaine, le Morbihan et les Côtes-du-Nord n'en fournissent pas moins de 50,000 annuellement au commerce. Les agriculteurs de ce pays ont des difficultés à tirer parti de leurs produits, quoique ceux-ci puissent être souvent utilisés avec avantage. Du reste, il serait peut-être facile aussi d'améliorer cette race dans les formes, la taille et la vitesse par des croisements entendus et en employant à cet

usage des étalons irréprochables et des juments
de l'espèce qui présenteraient le moins d'im-
perfections. Il ne serait pas impossible, sans
doute, en croisant avec le sang de quelques espèces allemandes, hongroise et hollandaise, d'obtenir des produits d'une taille moyenne, mieux
conformés et aptes à servir aux usages du carrosse et de la cavalerie. C'est là une opinion qui
nous a été émise bien souvent et qui est partagée
par des éleveurs allemands. Si un tel résultat
était acquis, ce serait un double bienfait pour la
production chevaline de notre pays ; car ce serait une source de richesses pour l'agriculture de
la Bretagne, qui, étant assurée de débouchés
pour ses produits, aurait intérêt à aider à leur
ennoblissement, et, d'un autre côté, un grand
avantage pour notre armée qui trouverait là une
grande partie des chevaux qui lui sont nécessaires
annuellement pour l'entretien du contingent de
sa cavalerie légère et de réserve. Ajoutons que le
cheval breton ainsi amélioré serait préféré, dans
beaucoup de cas, comme cheval de selle et de
voyage, à cause de sa vigueur et de sa dureté
naturelle. Aujourd'hui ces chevaux servent à la
remonte de l'artillerie et des équipages militaires.

L'ennoblissement de l'espèce chevaline est peu

pratiqué dans la Bourgogne. Les chevaux de cette province sont très bons pour le harnais s'ils sont croisés avec le sang arabe.

On élevait autrefois, en assez grand nombre, dans la Guyenne, la Navarre, le Béarn et le Roussillon, d'excellents chevaux, dont les qualités étaient renommées. Cette contrée en produit peu aujourd'hui. Ceux de la Navarre sont très propres pour l'usage de la guerre et de l'école.

La Provence possède des chevaux de petite taille, appelés chevaux de la Camargue, qui sont assez renommés pour leur courage, leur ardeur, leur vitesse et leur dureté. Ils proviennent de race africaine dégénérée. On les voit en troupes errer au hasard, tantôt couchés comme des troupeaux de moutons; tantôt, au contraire, bondissant comme des chevreuils à travers les terres marécageuses du pays. Une crinière longue et souple couvre leurs épaules. La colère et l'impatience sont toujours dans leurs mouvements. Ces chevaux, dont le front est souvent marqué d'une étoile, sont tous d'un poil blanchâtre et forment un contraste étrange avec les petits taureaux de ces contrées, dont la robe, au contraire, est d'un noir de jais. Au mois de mai, les

immenses troupeaux de ces chevaux émigrent
et quittent, pour les Alpes, les plaines de la Camargue, usage qui date des premiers habitants
de la Provence. Cette race de chevaux est surtout propre à être montée; ils ont beaucoup de
vigueur, de dureté et les jambes sûres. Aucun
cheval ne leur est préférable quand il s'agit de
gravir les montagnes ou des sentiers escarpés.

Les Ardennes produisent une race de chevaux
de selle et de voiture de petite taille et mal conformés, mais forts et infatigables. Ils sont assez
recherchés pour le service des diligences et surtout pour les voitures de place; on les voit en
grand nombre, depuis quelques années, employés par les cochers de nos fiacres.

Le cheval percheron est, en France, le cheval
de trait le plus renommé. Il est de haute taille,
fort, musculeux et assez dur. Son corps est épais,
son encolure forte, ses jambes épaisses et fort
poilues, ses pieds larges. Il est très estimé, même
à l'étranger. Beaucoup de ceux qui voudraient
ne voir propager en France que des chevaux à
deux fins, pensent qu'on pourrait, par des croisements du cheval percheron avec le demi-sang
anglais ou arabe, produire, selon eux, dans un
temps donné, de bons chevaux pour la grosse

cavalerie. Ce résultat, pensons-nous, est fort douteux.

La race boulonnaise est remarquable par ses formes élevées et majestueuses. Il est vraisemblable qu'elle est d'origine anglaise, car on ne commence à parler de ces chevaux qu'après les premières incursions des Anglo-Saxons qui, sans doute, les ont amenés sur le littoral français. Ce cheval est fort recherché de nos voisins qui ont pourtant, depuis ces dernières années, ralenti leurs achats, qu'ils faisaient servir, par des croisements avec le sang anglais, à produire une fort belle espèce de chevaux de carrosse. Il est remarquable que cette race ne s'est jamais éloignée des bords de la mer, soit que ce climat lui soit nécessaire, soit que les prairies salées lui soient indispensables. On ne trouve plus de ces chevaux purs à vingt lieues de la côte. Cette race a commencé déjà à fournir à la remonte de très bons chevaux pour la cavalerie de réserve.

L'administration ne saurait trop diriger son attention et celle des éleveurs du Boulonnais sur les ressources qu'offre la race boulonnaise, pour obtenir des chevaux propres à la cavalerie de ligne et de réserve. Des étalons de demi-sang

anglais, ayant toutes les conditions nécessaires
de taille et de force, feraient obtenir, dans un
temps donné, avec la race boulonnaise, d'excellents chevaux, qui auraient assez de muscles, de
force, de taille et de souplesse, pour servir avantageusement à notre grosse cavalerie. Les essais
qu'on a déjà faits, en ce sens, ont été couronnés
d'un plein succès. Qu'on provoque donc chez les
éleveurs de ces contrées l'achat des étalons de
demi-sang anglais. S'ils ne le peuvent faire iso-
lément, ils y parviendront en se réunissant, dans
un même canton, pour s'en procurer un ou plusieurs, suivant les besoins des localités. Si aucun
de ces moyens n'est praticable, que l'administration, alors, se charge de les leur procurer. Elle y
trouvera son profit, aura rendu un grand service
à l'agriculture du Pas-de-Calais, et donnera au
pays la possibilité de se passer un jour de payer
un assez lourd impôt à l'étranger pour l'achat de
forts chevaux de remonte.

La Flandre produit aussi de forts et grands
chevaux d'attelage et de labour qu'on trouve surtout aux environs de Lille et qui se distinguent
par leur vigueur, leur belle conformation et leur
douceur. On y trouve encore de gros chevaux
de taille moyenne, qui fournissent, en partie,

aux besoins de l'artillerie et du train des parcs.

Nous n'insisterons pas davantage sur les races chevalines de la France, nous croyons qu'elles sont suffisamment connues du lecteur, pour que nous ne nous étendions pas sur leurs caractères, leur nature, leurs aptitudes.

Les chevaux espagnols de la race la plus remarquable, se trouvent dans l'Andalousie supérieure, aux environs de Cordoue et de Xérès. Ils proviennent du sang oriental et surtout arabe, et les Espagnols les appellent « chevaux indigènes ». Ils sont d'une taille peu élevée, d'une allure magnifique, courageux et pleins de feu, doux et prudents; ils ont la tête et les oreilles grandes, proportionnellement à leur corps, la bouche légèrement en pointe, l'encolure large, forte, mais régulière, la croupe peu arrondie; leur queue épaisse et aux crins très fins est bien attachée, leur crinière longue et soyeuse, les jambes fortes, mais celles de devant plus longues que chez tous les autres chevaux : aussi les lèvent-ils peu en marchant; les sabots sont étroits et hauts. Ces chevaux conviennent parfaitement à l'usage de la guerre. C'est d'eux, sans nul doute, que provient la race transylvaine qui a conservé purs, ainsi que nous l'avons plus d'une fois observé en Hongrie et en Transylvanie, presque tous les caractères de la race andalouse.

Les produits de cette magnifique race sont devenus rares par suite des nombreuses guerres intérieures et extérieures que l'Espagne a eu à soutenir. Ces chevaux sont très robustes, mais s'ils sont montés avant l'âge de six ou sept ans, ils sont facilement et promptement ruinés. Les chevaux portugais et napolitains sont de la même race.

Dans ces dernières années, et notamment depuis la fin de la guerre civile, l'élève du cheval a fait de grands progrès en Espagne, grâce à l'initiative prise par le gouvernement et aux encouragements que la famille royale ne cesse d'accorder à toutes les institutions qui peuvent développer et améliorer l'espèce chevaline. Une société, dont font partie les plus hautes notabilités parlementaires, s'est instituée, il y a quatre ans, pour remplir ce but, sous le nom de *Société des courses*, et a fondé des courses annuelles de chevaux espagnols, nés et élevés dans le pays. Ces courses ont lieu à Madrid et à San-Lucar-de-Barrameda, près Cadix. Des prix sont offerts aux chevaux qui possèdent les meilleurs conditions de beauté, de force et de vitesse. Deux premiers prix sont donnés, l'un de 4000 francs, par la reine, l'autre de 3000 francs par la reine-mère. Ces courses attirent chaque année les amateurs et propriétaires de chevaux de toutes les parties de l'Espagne.

Il existe en Espagne plusieurs haras particuliers assez remarquables, tels que ceux du duc de Riançarès, du comte de Castellar, du duc de Mœdina-Cœli, où l'on obtient d'heureux résultats, et où aucun sacrifice n'est épargné pour développer la noblesse de la race indigène.

Le cheval portugais est d'une taille souv.nt au-dessous de la moyenne, et cependant il déploie, en courant, une grande vitesse. En Portugal, où les pâturages sont sains, on élevait au xv° et au xvi° siècle d'excellents chevaux qui tiraient leur origine du sang arabe. Aujourd'hui que l'ancienne race originaire a presque totalement disparu, on n'y élève plus guère que des ânes et des mulets. Il est regrettable que le Portugal ait laissé tomber l'industrie chevaline dans un pays où elle pouvait trouver la plupart des conditions favorables à son développement et à sa richesse. — L'île de Madère n'élève qu'un très petit nombre de chevaux, insuffisant même à ses besoins, et produit des mulets assez estimés.

Le cheval napolitain, quant à la taille, à la conformation et à l'allure, est tout-à-fait semblable
au cheval espagnol. On le dresse difficilement, il
passe pour être peureux, vicieux et dangereux.
Issu du sang arabe, il a été autrefois renommé,
mais des guerres nombreuses l'ont aussi presque
entièrement fait disparaître. Ajoutons qu'on n'es-
saye pas de l'ennoblir et de l'améliorer par le sang
oriental, mais qu'on s'efforce plutôt de l'altérer
par des croisements avec des chevaux anglais,
danois, français et allemands, de manière à lui
enlever, dans un temps donné, jusqu'au dernier
vestige de sa souche. Les professeurs d'équitation et les habiles cavaliers estimaient beaucoup,
autrefois, le cheval napolitain pour l'usage de
l'école.

On trouve encore dans les haras autrichiens
d'Italie et dans celui du prince Trautmansdorf,
à Gitschini, des descendants de la race célèbre
appelée dans le pays « toscanelle ».

L'espèce chevaline est peu developpée dans
le grand-duché de Toscane. Nous devons cependant mentionner la race de souche orientale,
élevée dans le haras particulier du grand-duc,
à Caltano.

Les chevaux sardes sont employés pour l'ennoblissement des haras du roi de Piémont. Leur taille est moyenne; ils ont les yeux injectés de sang et sont rapides, gais, vigoureux et durs. Cette contrée en fournit en petit nombre, et l'industrie particulière y est nulle.

Le cheval corse est de petite taille et fort éveillé, vicieux, facilement irritable, mais docile, sobre et d'une grande vigueur. Il se distingue par la fermeté de son pas et sa hardiesse à gravir les montagnes.

Le cheval polézinaque, qu'on élève dans les contrées situées entre le Pô, l'Adige et la mer Adriatique, appartient à la meilleure race de l'Italie. Il tient la tête haute, et son cou bien dressé est fort bien conformé: ses yeux sont petits, ses épaules régulières, sa poitrine le plus souvent étroite. Les habitants de la Polézine élèvent, en général, de forts et vigoureux chevaux, tels que ceux que l'on trouve dans la terre de Labour, à Otrante, Barri, dans la Calabre et l'Apulie.

Le cheval italien indigène est vigoureux, dur: il a les os saillants et les épaules mal attachées, ses formes sont médiocrement belles, il ressemble assez à nos chevaux de voiture communs. Du reste, il est devenu rare depuis les guerres du commencement de ce siècle. Il existe, à une heure de distance de Vérone, près de la rivière de la Brenta, un remarquable haras appartenant au comte Tanona ; il provient de chevaux napolitains, et offrait de bons produits à l'époque où nous l'avons visité. Nous ne pourrions affirmer que ce haras n'ait pas disparu dans la tourmente de ces deux dernières années. Nous avons remarqué que la race élevée dans cet établissement avait, par ses belles formes et ses autres bonnes qualités, beaucoup de rapports avec celle de la Polézine.

Nous devons faire mention d'une société pour l'élève du cheval, qui existe dans le Frioul, et qui a commencé, depuis 1828, à ennoblir, par les chevaux du Frioul, une excellente race de chevaux de trait. De sang commun, ayant le poilage frisé et les os minces, ces chevaux ne se recommandent pas par leurs formes, mais bien par leur vigueur. Non-seulement ils valent, mais encore ils surpassent souvent, sous ce rapport, la race polézinaque.

Sur les côtes du golfe de Venise, on élève encore de bons chevaux de labour, qui sont renommés pour leur force et leur durée.

Diverses circonstances favorables d'industrie et d'économie agricole et les avantages du climat, contribuent beaucoup, dans l'empire d'Autriche, à l'ennoblissement de l'espèce chevaline. La maison régnante possède plusieurs institutions remarquables ; beaucoup de grands seigneurs et de riches propriétaires entretiennent des haras, s'imposent des sacrifices et font preuve souvent de tact et de goût dans les différents croisements qu'ils ont mis en œuvre jusqu'ici.

Les espèces campagnardes, bien que n'étant pas de sang noble, sont aptes à tous usages et ont de bonnes qualités naturelles. Les petits propriétaires, aux environs de Szent-Polten et de Marchfeld, élèvent de bons chevaux, ennoblis par les étalons des haras impériaux : leur taille varie.

En Autriche, et principalement dans les vallées de la Styrie et de la Carinthie, on rencontre de bons chevaux de trait qui, quoiqu'avec des os trop gros, ont beaucoup de vigueur et se recommandent aussi souvent par leur rapidité. Ceux qu'on élève dans les montagnes de l'Autriche, sont, en général, de couleur fauve ou de renard. Ces chevaux diffèrent peu, surtout quant à leurs gros os, des chevaux élevés dans les provinces du Pas-de-Calais, de la Bretagne et de la Franche-Comté, où ils sont remarquables par leur corps musculeux.—Plus on s'approche de la Hongrie, plus ils sont beaux, ont les os plus minces, et sont plus propres à la selle.

Le cheval commun de Styrie a le corps ramassé et le poitrail large, est vigoureux et dur, laid à cause de sa tête allongée et de ses oreilles pendantes. Ses pieds sont gros, ainsi que les boulets, et sont malaisés dans leurs mouvements. Ce cheval ne peut guère servir qu'au trait. — On rencontre çà et là, en Styrie, des haras, mais peu renommés. Le haras du prince Schwarzenberg, sur la rive droite de la rivière l'Amur, au village de Murau, composé d'environ cent-quatre-vingt chevaux massifs et robustes, mais de sang peu noble, a joui d'une grande réputation, il y a vingt ans.

Le cheval de Carinthie a beaucoup de ressemblance avec celui de la Styrie, il est comme lui, fort et dur, mais il a de plus belles formes. L'abbaye Admontana, aux environs de Vildalpe, a eu aussi un haras renommé, mais qui a été supprimé depuis plusieurs années. Le prince Auersperg possédait aussi naguère un superbe haras dans ses domaines de Soland et de Sounek.

Dans la province de Salzbourg, on élève de très vigoureux chevaux, dont la plupart sont de belle robe noire et ont jusqu'à seize poings de hauteur. Ils ne sont pas convenables pour les attelages légers, le service de la poste, ni la selle; ils ne servent guère qu'à voiturer ou à haler les bateaux. — A Pinzgau, on rencontre des chevaux de haute taille, vigoureux, bien arrondis et charnus.

Outre ceux que nous venons d'énumérer, on trouve encore dans l'empire d'Autriche, d'abord des chevaux communs, qui sont ceux qu'élèvent les cultivateurs, puis de plus nobles, qui sont élevés dans les haras particuliers. Toutefois, on en trouve aussi de communs dans ces derniers.

Les haras les plus remarquables qu'on puisse citer dans l'empire d'Autriche, sont les trois qui appartiennent à l'empereur. Le premier est situé à Lipicza, en Illyrie; le second à Kladrub, en Bohême; le troisième à Köpcsény, sur les confins de la Moravie et de l'Autriche, près de Holics en Hongrie. Il y en avait autrefois un quatrième près de Salzbourg, à Nonnenthal, où la propagation se faisait par des chevaux napolitains, toscans, arabes et turcs; mais il fut, avant l'occupation de Napoléon, transféré à Kladrub et réuni au haras de ce nom.

Il existe, à Salzbourg, deux manéges remarquables, dont l'un, établi en plein air, est adossé de deux côtés contre un rocher élevé, dans lequel on a pratiqué des loges pour le public. Le second manége est couvert, et ses parois sont ornées d'une superbe galerie de tableaux, dont les sujets sont analogues à la destination du lieu. Une écurie, contenant deux cents chevaux, est adjointe à ce manége et est remarquable par ses proportions grandioses.

Les trois principaux haras dont nous venons de parler, et qu'on peut regarder comme la souche de tous les autres établissements de ce genre qui existent dans l'empire d'Autriche, jouissent d'une grande réputation à l'étranger et même en Angleterre. Ces haras produisent des chevaux aptes à divers usages, tels que de magnifiques chevaux de carrosse pour le service des équipages de l'empereur, de plus légers de race anglaise, d'autres de race commune pour l'usage de la poste, de superbes chevaux de guerre et de chasse, des chevaux de selle communs et en outre des mulets.

Dans le haras de Köpcsény c'est la race anglaise pure qui est propagée. Il s'y trouvait déjà en 1814 et 1815 d'excellents chevaux dont la réputation a été grande en Allemagne. Parmi eux il faut citer les beaux étalons *Basa*, gris pommelé, *Hussein*, bai, *Sultan*, alezan, *Vezir*, gris pommelé qui servit avec gloire dans les guerres de Napoléon, tous d'ailleurs d'origine arabe. On y comptait encore, outre ceux-là, les étalons *Majestoso*, espagnol, *Napolitano*, italien, *Grimalkin*, bai, le premier et le plus illustre étalon anglais de pur sang qui ait été importé sur le continent, *Antonio* et *Regent*, tous deux bais; puis les juments *Vorthy*, *Diddlex*, *Coriander*, *Lop*, *Voodbeker*, *Kosebut*, *Griffin* et *Star* qu'on a croisées avec *Grimalkin*, *Vezir* et *Sultan*.

On trouve beaucoup d'excellentes espèces de chevaux, issues de la race procréée dans l'établissement de Kladrub; en Bohême à Chrudim; en Hongrie au haras impérial de Mezöhegyes, dans ceux du prince Eszterházy, du comte Húnyady; dans les haras du prince Trautmansdorf à Grischin, et du prince Colloredo à Opocsna en

Bohème. Parmi ces haras le plus remarquable sans contredit est celui de l'empereur. Il est renommé pour ses beaux chevaux de carrosse d'une taille de 15 à 16 poings, mêlés de sang espagnol, polézinaque, napolitain et de la race köpcsény. On doit citer parmi ses plus beaux étalons : *Buk*, *Pluto*, *Favori*, *Conversano*, *Dorado*, *Galliardo*, *Danese*, *Monacco*, *Imperatore*, *Generale*, *Pepoli*, *Principe*, *Sagramoso*, *Toscanello*, *Superbo*, *Amico*, *Conquérant*, *Antonio;* parmi les juments : *Italia*, *Gelosia*, *Formosa*, *Juria*, *Palmyra*, *Arragonia*, *Pancsova*, *Reosa*, *Batalea*. — Il est une remarque importante à faire, c'est que les chevaux de la Bohème ont été tellement ennoblis par les étalons impériaux que beaucoup d'entre eux peuvent déjà être vendus comme étant de Holstein et de Mecklembourg. Il existe encore dans le haras cité plus haut des chevaux tirés de la Hollande, noirs et bais, qui sont surtout remarquables par leur tête très courte et fine.

On élève dans le haras impérial de Lipicza, sur le mont Korst, en Moravie, une race de chevaux, hauts de quinze poings et demi, qui étaient déjà employés par les Romains à l'usage de la guerre, comme étant vigoureux, vifs et durs à la fatigue. C'est de ce haras que sortent les plus beaux chevaux de la cour de Vienne. Le cheval morave est plus rapide, d'une allure plus facile, a les jambes moins garnies de poil et est moins sujet aux maladies que celui de Bohême.

Nous devons encore mentionner le haras du prince Jean Lichstenstein, dans le domaine de Kohenau, en Autriche, qui mérite à juste titre, comme haras particulier, d'occuper le premier rang dans toute la monarchie. On propage aussi dans cet établissement, outre les races allemande et transylvaine, des chevaux turcs du haras du prince Trautmansdorf qui sont excellents pour la selle et renommés pour leurs belles formes, leur vigueur, leur vitesse et la douceur de leur allure.

Il y avait aussi naguère un célèbre haras appartenant au comte de Wattensleben, à Emersberg, en Autriche, aux environs de Neustadt, où l'on faisait des croisements de juments anglaises avec des étalons orientaux : malheureusement, ce bel établissement a été supprimé en 1826. — Par l'ordre de l'archiduc Rodolphe d'Autriche, cardinal et archevêque d'Olmütz, on a fondé, il y a quelques années, un établissement aux environs de Kremsier, en Moravie, où l'on obtient

de beaux chevaux noirs, issus des races silé-
sienne et morave.

La Bohême où le prince Trautmansdorf à
Chemnitz et Tenicz, le prince Colloredo à Opo-
scna, le comte Kinszky à Chlumec, possèdent
des haras qui jouissent d'une grande réputation
en Autriche, élève de beaux chevaux parmi lesquels on en rencontre de haute taille et très
propres pour le service de la cavalerie de ligne.
Ils concourent du reste à compléter la remonte
nécessaire aux régiments de cuirassiers autrichiens, et sont fort estimés dans l'armée à cause
de leur prompt dressage, leur souplesse, leur
allure douce et surtout leurs longs services. Ces
chevaux, comme nous l'avons dit plus haut, de
taille naturellement ordinaire, ont été peu à peu
transformés par suite des croisements qu'on a
opérés avec différentes sortes d'étalons étrangers,
sans avoir égard à la beauté et à l'élégance,
pourvu qu'ils fussent forts et d'une taille élevée.
C'est ainsi que les chevaux de Bohême s'améliorent de jour en jour et ont déjà acquis une
grande beauté.

Le cheval commun de Hongrie est d'une nature très robuste et a beaucoup d'aptitude pour
le service de la guerre. Sa taille est ordinaire-

ment de quatorze à quinze poings. D'après l'o-
pinion générale, le lieu de l'origine du cheval
hongrois est la vaste plaine située entre le cours
du Danube et celui de la Theiss. On peut l'y voir
encore de nos jours paître en liberté et en grandes troupes, à l'état demi-sauvage, sous la garde
de pâtres, appelés dans le pays *csikós*, hommes
d'une nature très dure, qui passent le jour et la
nuit auprès de leurs chevaux et se couchent plus
d'une fois, pendant les froides nuits des derniers
mois de l'année, pêle-mêle au milieu d'eux pour
se garantir du froid, quand leur petite hutte de
roseaux, ouverte à tous les vents, ne les abrite
plus suffisamment. Ces hommes', qui naissent
et meurent au milieu des chevaux qu'ils connaissent mieux que bien des érudits de la science
hippique, passent presque toute l'année dans ces
immenses steppes, et reçoivent à certaines épo-
ques des vivres et du vin du village le moins
éloigné.

La race pure hongroise ne se trouve plus
qu'assez rarement. On a vu avec peine, depuis
quelques années, supprimer plusieurs haras de
sang noble qui jouissaient d'une grande réputation, et cela parce que des propriétaires pensent agir avec plus de raison et obtenir des bé-

néfices plus considérables en élevant et propageant la race ovine.

Les caractères extérieurs du cheval hongrois ou *magyar* sont : une conformation petite, la tête légèrement allongée et maigre, le jarret fort, les oreilles petites et dressées, les yeux ardents, l'os nasal un peu saillant, souvent le cou de cerf, évasé sur les côtés, le tronc droit, la croupe arrondie, la queue attachée haut, la poitrine forte et se mouvant librement sur les épaules, la partie supérieure de ses jambes flexible, la partie inférieure fine, le bourrelet convenable, les pieds assez hauts, étroits et dénués de poils. On rencontre sur tous les points du royaume des chevaux hongrois très remarquables, provenant de croisements avec le sang arabe ou d'autres nobles races orientales.

Les haras royaux de Mezőhegyes et de Bábolna, de même que ceux de beaucoup de riches propriétaires de la Hongrie et de la Transylvanie, produisent d'excellents chevaux. Nous énumérerons plus bas la plus grande partie des haras qui jouissent de quelque réputation en Hongrie et en Allemagne, et qui existent encore, et nous mentionnerons les races nobles du pays. Nous ne

parlerons que pour mémoire de ces établissements qui existaient il y a quelques années, et
seulement de ceux qui ont eu de la célébrité.
Depuis l'époque où nous avons visité les premiers, plusieurs, sans doute, ont été détruits à
la suite de la dernière guerre de Hongrie. Il est
d'ailleurs d'autant plus difficile de faire une description spécifique des chevaux hongrois que les
propriétaires de haras ont coutume de modifier
de temps à autre les croisements de leurs chevaux avec d'autres races.

La Hongrie possède un grand nombre de chevaux, et nulle part nous n'en avons vu autant
proportionnellement. En effet, outre ceux des
grands propriétaires et des magnats, qui ont presque tous des établissements pour l'élève du cheval, on en trouve aussi chez les paysans qui, dans
certains comitats, s'occupent aussi à faire des
poulains; il n'est pas rare de trouver des villages
d'une population de mille habitants qui renferment jusqu'à 3 et 400 chevaux. Beaucoup de ces
paysans attèlent leurs charriots à quatre chevaux ; aussi voit-on les jours de marché à Pesth,
Presbourg, Debreczin, une multitude de ces attelages qui comptent quelquefois huit et neuf chevaux. Il est vrai de dire que l'entretien de ces

animaux ne leur coûte rien le plus souvent, car lorsqu'ils ont fini le travail de la journée ou qu'ils reviennent de voyage, ils les lâchent sur les immenses pâtures qui entourent les villages et les bourgs pour les reprendre dès le lendemain, sans s'inquiéter davantage de leur nourriture. Il suit de là que ces chevaux, généralement de petite taille et assez maigres, sont sobres, durs à la fatigue et légers. Leur allure ordinaire est le trot, même dans les mauvais chemins : le Hongrois, avec sa voiture basse, plate et légère, montée sur quatre roues, se soucie peu d'être cahoté et même de verser. La chute avec ces voitures n'est jamais dangereuse. Les étrangers s'étonnent de rencontrer ces petits chevaux toujours ardents et courant sans cesse à travers des routes peu frayées, qui ne sont guère praticables que pendant trois ou quatre mois de l'année. Leur équipement est peu coûteux : il consiste en des lanières qui forment un tout complet, dont leurs propriétaires les débarrassent à leur arrivée, en une seconde. Ce harnachement, c'est le paysan qui le fait lui-même, en coupant ces lanières dans une peau de bœuf qu'il a achetée pour quelques francs. Quant au cheval de selle, son équipement est des plus simples : une bride, faite de la même manière que le harnais, lui suffit quand le paysan a ses indispensables éperons; la selle est du superflu : on la laisse aux grands seigneurs et à ceux qui ne savent pas monter à cheval.

Nous commencerons l'examen de l'espèce chevaline en Hongrie, par les haras royaux qui sont établis dans ce pays.

Le haras royal de Mezöhegyes, situé dans le comitat de Csanád (Basse-Hongrie), mérite à tous égards la haute renommée dont il jouit en Europe. Nous allons en donner une description aussi exacte qu'il nous sera possible, dans l'espoir que nous avons qu'elle intéressera tous ceux qui s'occupent de la question si importante de l'élève du cheval.

Le premier plan d'un grand haras, fondé en Hongrie, est dû au feu général, comte de Hoditz, qui le projeta en 1785 et de concert avec M. de Csekonics, alors lieutenant-général en prit les dispositions fondamentales. Plus tard, major-général impérial et chevalier de l'ordre de Saint-Étienne de Hongrie, Csekonics, qui a eu le mérite de s'être chargé, pour l'Autriche, d'autres entreprises importantes d'utilité publique, élargit avec cette activité qui lui était particulière et qui lui a valu la renommée dont son nom est encore entouré de nos jours dans les États autrichiens et surtout chez tous ceux qui s'occupent du cheval, à quelque titre que ce soit, élargit, disons-nous, cette œuvre dont la direction lui fut commise. Il fit prendre en peu d'années à ce haras un développement considérable, et le porta bientôt à une perfection qui l'éleva au-dessus de toutes les institutions de ce genre, fondées en Allemagne.

Disons, en passant, que M. Bouwinghausen de Valmérode, ancien chambellan et grand écuyer du duc de Wurtemberg, a fourni dans son almanach de poche, pour les amateurs de chevaux, une description détaillée du haras de Mezöhegyes. Il prétend, à tort ou à raison, avoir contribué à la fondation de cette institution par l'achèvement du plan qui lui a été demandé pour cet objet. Il déclare que, pendant la guerre terminée par le traité de Lunéville, Mezöhegyes a fourni neuf millions huit-cent mille quintaux de foin pour les besoins des armées autrichiennes. Vingt-six mille chevaux, parmi lesquels huit cents chevaux de cuirassiers et de dragons, furent achetés à l'âge de trois ans, dans les États héréditaires de l'Empire et élevés à Mezöhegyes jusqu'à leur cinquième année : de plus, cent soixante-onze mille bœufs gras et vingt-huit mille dressés au joug pour l'usage de l'armée ; enfin, cent quatre-vingt-quatorze mille bœufs pour la résidence de Vienne. — Les frais d'un cheval du haras de Mezöhehyes ne s'élevaient alors qu'à quinze francs. — Dans l'année 1783, huit ans après la fondation du haras, mille juments y produisirent huit cent trente poulains.

Autrefois, le haras de Mezöhegyes se trouvait établi sur quatre *puszta* (1) nommées Mezöhegyes, Fecskés, Kis-Kamarás et Peregh qui se divisaient en quarante-deux lieues de pacage. Plus tard (en 1820, croyons-nous), ce haras s'étendit sur les *Puszta* : Mezöhegyes, Nagy-Peregh, Kis-Kamarás, Fecskés, Pécska-Peregh et sur le territoire qui comprend le reste des terres urbariales qui sont restées à la seigneurie. Toute l'étendue de ce territoire contient en arpents de Hongrie : quarante-quatre mille trois cent un,

(1) On appelle en Hongrie *puszta* une espèce de métairie isolée des villages et des grands chemins. Elles s'élèvent souvent aux endroits mêmes où existaient naguère des bourgs et des villages qui furent ravagés et détruits par l'incendie dans les dernières invasions des Turcs, aux xvi⁰ et xvii⁰ siècles. Ce mot *puszta* peut être fidèlement traduit par « lieu ravagé. »

ou trente-mille quatre cent cinquante-sept en arpents d'Allemagne. Le tout se trouve divisé aujourd'hui en pacages.

La contrée plate de Mezöhegyes est justement nommée : « le haut pâturage, » car elle est élevée de huit mètres environ au-dessus de la Máros, rivière qui coule à deux lieues de là. Les quarante-deux pacages qui divisaient autrefois ce plateau étaient désignés chacun par le numéro du puits qui le pourvoyait d'eau. Il n'y a pas longtemps encore que cette haute plaine était privée de courants et alimentée par des puits, mais il n'en existait pas autant qu'il y avait de divisions en pacages. C'est pourquoi bientôt la dénomination de ceux-ci, par les numéros des puits, avait entièrement cessé.

Le manque d'eau était le seul inconvénient grave qui pût être objecté à l'établissement de Mezöhegyes; ce reproche était mérité tant que la preuve de l'impossibilité d'y conduire l'eau de la Máros, moyennant un canal de dérivation, n'était pas manifeste. On avait même déjà trouvé les traces d'un ancien conduit, et le résultat des arpentages et des nivellements entrepris alors n'avait point été défavorable au projet. En obtenant cet avantage, Mezöhegyes réunissait toutes les conditions les plus désirables. On refit, il y a quelques années seulement, un nouveau nivellement de la plaine et des conduits de dérivation furent pratiqués; enfin les eaux de la Máros l'arrosent et la fertilisent aujourd'hui. L'herbe de ces pâturages est pure et délicate, et même les herbages acides que ces terres produisent sont salutaires aux chevaux, qui du reste s'en nourrissent volontiers.

Sans avoir égard aux besoins extérieurs de l'armée et de la capitale autrichienne, on ne garde dans l'établissement de bœufs de labour et en engraissage que le nombre indispensable aux travaux de labourage et à la consommation particulière. Il suit de là que la diminution dans l'engraissage des bœufs a lieu au préjudice de la bonne qualité des herbages. D'après l'organisation antérieure, chaque pacage servait aux chevaux pendant un temps déterminé, puis était abandonné aux bœufs. De cette manière, l'altération des herbes ne s'y faisait point remarquer. Depuis que ces alternatives ont discontinué, que l'engraissage des bœufs est diminué et que les chevaux seuls paissent, l'herbe acide s'est nonseulement fort répandue, mais encore elle croît sur de grandes étendues, en tiges si épaisses qu'elle est devenue immangeable pour les animaux. Elle est en outre, d'un accès difficile, même pour les charrues attelées de quatre chevaux, et l'on ne saurait en purger le sol que par le feu.

Les *puszta* sont ordinairement dénuées d'arbres, et quoique les hangars qui y sont élevés protégent les troupes de chevaux contre l'ardeur du soleil, il serait à désirer de voir s'y élever des plantations ; elles aideraient à l'accroissement des herbages. On en a établi depuis quelques années, mais elles sont insuffisantes. Au reste la qualité du sol favorise ces entreprises, ce qui a été prouvé par les quelques essais dont nous venons de parler. Ils consistent jusqu'ici en une plantation de forêt qui comprend une étendue de plusieurs arpents, en un magnifique jardin planté d'arbres fruitiers des espèces les plus recherchées, en un jardin anglais situé en dehors des cours des bâtiments, enfin, en une riche végétation de mûriers, de platanes, de tilleuls et d'acacias. Tout, en un mot, prouve que ce terrain est favorable à la culture des arbres.

Cinq des hangars, destinés à abriter les che-

vaux, sont entourés de murailles; deux sont
ouverts et clos avec du fumier à l'approche de
l'hiver. Les premiers, fort spacieux, consistent,
à proprement parler, en deux bâtiments qui se
joignent à angle droit dans la direction nord.
Cette disposition était de la plus grande importance; car non-seulement les deux côtés se trouvent ainsi défendus contre les vents du nord,
mais l'espace le plus reculé est constamment
abrité, grâce à cette prévoyance. Aussi est-ce là
que sont ramenés par les froids rigoureux les
juments et les jeunes poulinières, ainsi que les
étalons de deux ans. On leur donne à manger
dans ces hangars les jours où la température est
rude. Les poulains d'un an et ceux qui sont se-
vrés sont placés dans les écuries.

L'établissement de Mezöhegyes se divise en
deux branches d'administration : celle du haras
proprement dit et celle qui comprend la direction économique. Les soins des bâtiments, la direction du personnel attaché au haras et l'entretien du bétail, tout cela est du ressort de
l'administration de l'établissement.

Les bâtiments forment quatre grandes cours.
La première, dans laquelle se trouve le local

principal, renferme les logements du commandant et de quelques officiers adjoints, celui du
chapelain, la chapelle et les bureaux. La cour
située en face de celle-ci est occupée par les autres officiers attachés à l'administration.

La grandeur proportionnée des écuries des
poulains permet à chacune d'elles d'en contenir cent quatre; elles s'élèvent des deux côtés
du premier bâtiment. Elles nous ont paru être
tenues très proprement, quoiqu'elles ne soient
guère éclairées, et il n'y existe aucune odeur
d'urine. Les crèches ont près de quatre pieds
d'élévation, afin d'habituer les chevaux à porter
la tête haute; un manége ouvert est situé entre
ces écuries.

Les deux autres cours sont des casernes ha-
bitées par le reste des employés du haras; elles
renferment en même temps les écuries des remontes, les remises et enfin des salles ou maga-
sins où sont déposés les objets nécessaires au
service des écuries. La dernière cour, écartée
des autres, se compose d'une écurie où sont établis les poulains pendant l'hiver et d'une seconde,
séparée de celle-ci, pour les poulains malades.
A côté de cette cour, se trouve une espèce de

travail où les chevaux sont conduits pour être examinés. On les y sépare d'abord, puis ils sont pris et terrassés par les gardiens ou *csikós*. Comme dans ce haras on élève aussi pour les remontes de la cavalerie autrichienne (depuis 1820, la remonte n'y compte plus que comme accessoire), il y a des chevaux qu'on doit prendre à la chasse, dans les vastes plaines qui composent Mezőhegyes. Il ne serait guère possible de les amener au licol pour entreprendre d'en faire le triage, c'est-à-dire de choisir parmi eux ceux qui sont propres au service des chevau-légers, hulans, hussards, et de les séparer de ceux qui sont destinés à la grosse cavalerie.

La troupe qui doit être soumise au triage est donc chassée en présence des officiers. Le lieu désigné, où les chevaux arrivent pour être examinés, est fermé par deux portes, aux deux côtés opposés. Les chevaux, au nombre de trois, quatre ou cinq au plus, entrent par l'une de ces portes dans l'étroit espace où ils sont pris l'un après l'autre et terrassés, après quoi on leur passe le licol. Un vieux cheval apprivoisé est amené par la porte qui s'élève en face; il est attaché avec le cheval sauvage qui le suit sans trop de résistance et qui, ainsi conduit à l'écurie, ne tarde pas à se laisser dompter tout-à-fait à force de bons traitements.

Les pâtres ou *csikós* qui s'emparent de ces animaux sont les hommes les plus robustes et les plus intrépides qu'il soit possible de rencontrer. Ceux qui sont préposés à la garde des haras particuliers, passent, comme nous l'avons dit plus haut, les dix parties de l'année au milieu d'immenses plaines désertes et exposent souvent leur vie, surtout quand il s'agit de prendre des chevaux dont on a fait choix parmi des troupes à demi-sauvages. C'est ordinairement au moyen d'un long lacet, terminé par une boule de fer ou de plomb, qu'ils lancent adroitement au cheval qu'ils poursuivent, montés eux-mêmes, mais sans selle, sur d'excellents coureurs. Après une poursuite à outrance, mille voltes furieuses et quand le lacet étreint le cheval, les *csikós* sautent lestement à bas, abandonnent leur monture, s'élancent vivement sur le dos de l'animal, sans même prendre la peine de quitter leur pipe qu'ils ont toujours à la bouche même dans les circonstances les plus critiques, et se laissent emporter par lui jusqu'à ce qu'à bout de forces, écumant de rage, et après une course longue et désespérée, il tombe de fatigue; c'est alors qu'ils en sont maîtres et l'assujétissent au frein. Ce sont d'excellents cavaliers, qui donnent une idée de ce que vaut la cavalerie hongroise. Pendant la dernière guerre des Hongrois contre l'Autriche et plus tard contre la Russie, les *csikós* avaient formé un corps spécial, armé de ces terribles lacets, avec lequel ils inquiétaient l'infanterie et la cavalerie ennemies, forçaient souvent les rangs de la première à se débander et arrachaient ceux-ci de leur monture pour les traîner ensuite à quelques centaines de pas et faire prisonniers les malheureux soldats qu'ils avaient pour ainsi dire péchés. Un jour, nous vîmes à la foire de Pesth, au milieu des indigènes passionnés pour les chevaux, un de ces *csikós* à qui un amateur faisait observer que le cheval qu'il montait ne paraissait pas capable de bien faire la volte ; et le *csikós* aussitôt de se friser la moustache, de donner de l'éperon à son cheval, qui s'élance, se dresse et exécute trois voltes. L'adresse de ces hommes pour la chasse aux chevaux n'est pas moins grande que celle des Mexicains, armés de leur *lazzo*, qui chassent les chevaux sauvages dans leurs plaines immenses.

Les *csikós* ne sont pas moins exposés dans l'espace étroit de Mezöhegyes destiné à prendre les chevaux, qu'ils ne le sont dans les plaines; et cependant, quoiqu'au milieu de quatre ou cinq chevaux sauvages, il est rare qu'un malheur leur arrive, grâce à leur agilité, leur adresse, leur rare vigueur et leur sang-froid, ce qui n'empêche pas toutefois que le chapelain et le médecin du haras n'assistent chaque fois à ces dangereuses luttes. Deux chevaux qui, de deux troupes différentes, viennent à se réunir par suite de la négligence de leurs gardiens, sont séparés et ramenés de la manière dont nous avons parlé plus haut.

Une auberge, où sont établis un débitant et un boulanger, est située en face du lieu où se fait le triage des chevaux. A quelque distance de là sont la boucherie, le moulin, le grenier à blé et le logement de la garde militaire. Celle-ci se compose d'un commandant, de plusieurs officiers de différents grades, d'un aumônier, des employés du bureau du commissaire de guerre ou intendant militaire, d'un garde des forêts, d'un vétérinaire en chef, de son second et de quelques adjoints, d'un directeur des casernes, de divers artisans, de vingt-deux sous-officiers, de trois cent vingt caporaux et soldats, de dix-sept valets de charrue et de deux cent trente-huit *csikós*. La plupart des officiers chargés de la responsabilité des affaires de remonte et des achats de chevaux sont presque toujours absents. Les soins de l'économie sont confiés à un lieutenant; un autre officier du même grade dirige les bureaux de l'administration. Plus de cent simples soldats, pris d'entre divers régiments de cavalerie, sont chargés du pansement des chevaux. Les gardiens particuliers, les *csikós*, sont équipés et distribués dans les pacages dont la surveillance leur est confiée. Chaque jour les officiers se rendent au rapport où les punitions sont infligées.

L'idée qui présida à la fondation de ce haras, fut celle de parvenir à épargner les fortes sommes qui passaient chaque année à l'étranger pour l'achat de bons chevaux de race, et puis de faire suffire à la longue la race indigène au complément des chevaux nécessaires à l'armée. Dans le but d'éviter que ce haras ne devînt pour l'État une source de dépenses, plutôt que d'utilité, on se proposa de se procurer la meilleure race au moins de frais possibles. Une administration militaire parut être le meilleur moyen d'atteindre ce but, du moins aux yeux de tous

ceux qui s'occupent de l'élève du cheval en Autriche. C'est en se procurant dans tous les régiments, moyennant une haute paie peu considérable, des hommes sûrs, habitués à une disci-
pline sévère et à la plus grande ponctualité dans
le service, que l'on fit prospérer plus aisément
l'établissement de Mezöhegyes.

A tous ces avantages pour l'élève du cheval
s'en joint un autre plus important, celui de la
fondation d'un haras modèle. Ce haras, qui con-
serve ses propres produits, juments et étalons,
qui emploie ce qu'il y a de meilleur à l'amélioration toujours croissante des races, remettant
son superflu au pays, a exercé en Autriche et en
Hongrie une bienfaisante influence sur la ré-
forme de l'élève du cheval.

L'entretien des chevaux fait encore partie de
l'administration du haras. Le nombre complet
des chevaux de race y est déterminé : il s'élève à
deux cent vingt étalons, huit mille juments et
poulains, cinq cent chevaux de trait et de selle
environ. Tous sont originaires de Mezöhegyes et
proviennent de chevaux de Hongrie, de Transylvanie, d'Allemagne, d'Espagne, de Bessarabie
et de Moldavie. On éprouve de l'intérêt à voir

ces nombreuses troupes de descendants des plus nobles races. Des connaisseurs de plusieurs pays, réputés habiles auprès de tous les chefs de l'établissement, et que nous avons entendus nous-même, assuraient n'avoir rencontré nulle part encore cette conformité de taille, cette noblesse de formes, cette beauté qu'il est impossible de méconnaître. Il est constaté que ces qualités augmentent d'année en année. Ce haras s'acclimate de plus en plus, le caractère de ses produits devient de plus en plus constant, jusqu'à ce qu'il ait atteint, sans doute, à la hauteur d'une race proprement dite.

Toutes les juments sont d'une taille d'environ un mètre cinquante centimètres : elles ont le dos et la croupe droits, la queue haute, le poil court, fort et épais, la peau fine et tendue, le poitrail large, le ventre arrondi, les tettes pleines et abondantes. Intérieurement, elles sont bien constituées, fortes et durables, ce qui est prouvé par celles qui, mises au rebut, sont employées avec avantage au trait et à d'autres services. On a obtenu ces bons résultats, en ne choisissant pour élèves du haras que les meilleures poulinières procréées et en écartant celles qui, au témoignage des registres, étaient stériles ou

ruinées de quelque autre manière, en évinçant,
en outre, toute jument étrangère non acclimatée.

A Mezöhegyes, nulle jument, employée à un
autre service, n'est admise à la reproduction, et
l'on n'y reconnaît point de différence entre les
défectuosités naturelles et les défectuosités acci-
dentelles. Tout défaut, quel qu'il soit, suffit pour
faire exclure la jument qui le porte. En appa-
reillant la jument à l'étalon, on a égard non-
seulement à la conformation, mais ils sont encore assortis d'une seule robe. L'unité et la pureté de la robe des juments indique le caractère
de l'espèce. Le haras acquerra, de cette manière,
un caractère fixe, arrêté, si l'on ne dévie pas de
la voie rationnelle, à notre avis, suivie jusqu'ici
avec d'heureux résultats, si de nouveaux essais,
suggérés par la mode ou par une simple curiosité, ne viennent troubler le cours réglé de la nature dans un établissement où, attentif à ses se-
crets avertissements, on a su, de l'aveu de tous
les amateurs étrangers qui ont visité cet établissement, en profiter, en même temps qu'on s'ap-
puyait sur des expériences garanties par les règles de l'art.

Autrefois, la troupe entière des neuf cents juments, qui formaient le nombre complet des ju-

ments du haras, se divisait en troupeaux, dont quatre étaient fécondés à la main et deux en liberté. Le premier de ces haras de main, fort de cent vingt-huit juments, surpassait tous les autres par la beauté de conformation et la pureté de couleur de ses produits. Maintenant les troupeaux, au lieu d'être divisés en classes, forment des assemblages selon les tribus et leurs affinités. On se sert d'un étalon d'essai pour la fécondation à la main qui est préférable, ce nous semble, sous le rapport de l'ennoblissement de la race, mais non sous celui de la multiplicité de reproduction. La jument n'est point entravée et l'admission de l'étalon n'a lieu que lorsqu'elle ne donne point de marque de résistance. La violence encore en usage dans d'autres haras étrangers que nous avons visités, ce procédé si évidemment contraire à la fécondation, n'a jamais été mis en usage à Mezöhegyes.

La méthode du sevrage y est fort simple. On éloigne la mère sur un pacage écarté, et le poulain est chassé au milieu de la troupe de ses compagnons, avec lesquels il passe encore quelque temps au pâturage. Pendant l'hiver, ils sont enfermés dans l'écurie avec ceux d'un an; leur fourrage consiste en foin, orge et paille hachée. Cha-

que poulain porte la lettre initiale de sa tribu;
elle est marquée au fer rouge sur la joue gau-
che.

Distribués en troupes, les étalons et les juments d'un an restent au pâturage pendant
l'hiver. Ils passent les mauvais temps sous les
hangars où ils sont fourragés. A trois ans commence l'élève des étalons qui, dès lors, ne vont
plus au pâturage. Les poulains, à cet âge, sont
appelés jeunes poulinières, ou jeunes étalons.
Les meilleurs et les plus beaux étalons sont choisis pour le haras; ceux qui restent au nombre
de soixante-dix à quatre-vingts, terme moyen,
sont distribués, en grande partie, dans les États
héréditaires autrichiens; quelques-uns sont vendus en Hongrie même, soit à des haras particuliers, soit à de bons éleveurs.

Quant aux jeunes juments, elles ne sont jamais établées; elles hivernent sous les hangars.
Elles sont fécondées, pour la première fois, après
l'âge de quatre ans, et marquées sous la crinière de l'un des numéros qui se suivent de un
à mille. Quand elles sont pleines, on les enre-
gistre avec ce numéro, dont elles sont de nouveau marquées sur la croupe. Les juments sont

désignées d'après ce numéro, les étalons d'après
le nom qui leur a été donné. Les juments, nou-
vellement arrivées, reçoivent le numéro de celles
qui, mises au rebut, les ont précédées.

A Mezöhegyes, les étalons sont de race transylvaine, espagnole et allemande. Les plus vieux,
établés pendant toute l'année, ne sont employés
à aucun travail; ils sont montés, chaque jour,
pendant une demi-heure ou trottent à la longe.
Cet exercice leur suffit, et quoiqu'on puisse ob-
jecter qu'employés au trait ils acquièrent plus
de force et de durée, l'expérience a prouvé que
les poulains, provenant de chevaux attelés, n'ont
point cette ardeur qui distingue ceux dont les
pères n'ont servi qu'au haras. Les chevaux en-
tiers des haras sauvages restent parmi le trou-
peau toute l'année. Les chevaux destinés à remonter la cavalerie sont fourragés sur les *puszta*
du haras, et passent dans les régiments les uns
après les autres.

La race des chevaux de Mezöhegyes était pure
dans le principe; mais, pour accélérer la propagation, elle fut croisée avec plusieurs chevaux de
la race moldave. La taille de ceux-ci était inférieure, bien qu'ils fussent supérieurs en beauté
et eussent une grande ressemblance avec la race

transylvaine. C'est pourquoi, afin d'obtenir les mêmes conditions de taille, on croisa cette race avec les étalons espagnols *Hallas* et *Incitato* et l'étalon persan *spahi*, d'où l'on obtint des sujets grands et vigoureux. Les étalons les plus remarquables de Mezöhegyes étaient dans ces dernières années: *Generalissimo*, *Sauvage*, *Arabs*, *Viczay*, *Hallas*, *Othello*, *Incitato*, *Majestoso* qui, employés particulièrement pour leurs mères, n'ont jamais servi à d'autres juments. On en a obtenu plusieurs mille individus remarquables, qui n'ont pas peu contribué à faire de ce haras l'un des plus beaux de l'Europe. On en tire d'excellents chevaux de ligne, de réserve et légers pour la cavalerie autrichienne, et notamment pour les officiers qui reçoivent déjà, depuis longtemps, de magnifiques chevaux, dont la plupart offrent les qualités de la race arabe. Le comte Henri Hardegg, depuis douze ans directeur général du haras a, par des sujets anglais bien choisis, tellement élevé la taille des chevaux de Mezöhegyes, qu'il en est qui comptent souvent plus d'un mètre soixante-dix centimètres, réunissant les meilleures qualités et excellents pour l'usage des carrosses de la cour, aussi bien que pour la selle et la chasse.

La seconde branche d'administration comprend tout ce qui a rapport à la division, à l'ordre et aux dépenses de l'administration. Elle
comprend les soins de l'agriculture, de l'engraissage des bœufs et de la récolte des foins pour le
haras et l'armée. Un directeur civil et un receveur sont chargés de tout ce qui a rapport à l'exploitation rurale. On a encore préposé à cette
administration un premier lieutenant, quatre
sous-officiers et soixante-deux soldats, cinq valets de charrue, quarante chevaux de trait et
trente-cinq chevaux de selle; de plus cent vaches et six cents bœufs de labour. Dans le temps
des moissons, où les travaux exigent un surcroît
d'ouvriers, on se procure des journaliers, ou bien
les régiments fournissent encore des hommes,
en retour d'une légère augmentation de solde.

Autrefois, on entretenait à l'usage du haras,
deux cent cinquante bœufs de travail, mille
bœufs gras en temps de paix, nombre qui s'aug-
mentait considérablement pendant la guerre.
C'était alors une spéculation fort lucrative qui
répondait aux vues qui avaient présidé à la fondation du haras, lequel devait subvenir par lui-
même à ses propres dépenses. Sous la direction
du général de Csekonics, ce principe d'économie

était rigoureusement observé. Le haras recevait encore le prix indiqué dans ses instructions pour chaque cheval fourni et suffisait ainsi à toutes ses dépenses. Quand des avances étaient faites par l'État à l'établissement, on les déduisait sur le prix des chevaux ; l'arrêté de compte se faisait annuellement vers la fin d'octobre. Maintenant le général inspecteur des remontes n'estime que les chevaux qui ne sont point destinés à être vendus à des particuliers ; mais ces taxes n'égalent plus les déboursés, et c'est la caisse militaire qui suffit à toutes les sommes requises par l'administration du haras. Les provisions de fourrages, tirées de Mezöhegyes, s'élèvent toujours à environ vingt mille quintaux.

Le haras royal de Bábolna, succursale de celui de Mezöhegyes, est situé sur la rive droite du Danube, à trois lieues de Komorn, qui est, comme on le sait, la ville la plus fortifiée de Hongrie. Son étendue en superficie comprend six mille neuf cent huit arpents d'Allemagne et onze cent quatre toises carrées, ce qui équivaut à peu près à la quatrième partie de Mezöhegyes. Bábolna possède des prairies arrosées d'eaux vives, de hauts buissons et des plantations de forêts. Ce haras avait été destiné à for-

mer la souche des races et les fils des étalons espagnols de Bábolna furent conduits à Mezöhegyes où ils furent employés uniquement à la fécondation du premier haras de main. Nous avons
dit plus haut, en décrivant l'établissement principal, que ce haras de main comprend l'élite des
juments. Les étalons qu'ils produisirent passèrent au second haras de main, ceux du second
au troisième, et ainsi de suite jusqu'au dernier.
Les produits mâles de ce dernier haras de main
passèrent au haras de souche, où, après avoir
acquis le degré suffisant de noblesse, ils rempla-
cèrent les étalons espagnols qui avaient été jusqu'alors employés à l'élève.

Cependant cette idée a été abandonnée, et
Bábolna n'est plus aujourd'hui qu'un haras particulier, administré comme celui de Mezöhegyes.
Bábolna lui est bien supérieur par ses bons
pâturages et facilite une surveillance plus grande
Ce haras nous semble destiné à parvenir à un
degré éminent de pureté et de noblesse : les
amateurs de chevaux et les propriétaires recherchent ses produits et y mettent un grand prix.
Les étalons produits dans ce haras sont trans-
férés à Mezöhegyes, suivant le degré de leur
beauté et de leur bonté, et les nouveaux étalons

arabes et turcs y sont admis. Cependant depuis plusieurs années, les juments, aussi bien que les étalons, ne passent plus exclusivement à Mezöhegyes, mais à n'importe quel haras de remonte de l'Autriche qui paraît leur convenir le mieux ; et cela, d'après la décision du général inspecteur du haras.

Nous ne nous étendrons pas davantage sur l'organisation du haras de Bábolna, car elle est la même, sur une petite échelle, que celle de Mezöhegyes. Nous prions le lecteur de nous pardonner la longueur des détails que nous avons donnés sur ces deux haras royaux, mais nous avons cru devoir insister à cause de l'importance qu'on leur accorde dans toute l'Allemagne et même en Russie, et aussi parce que nous savons qu'on a peu de notions bien exactes sur l'état de l'élève du cheval dans la partie de l'Europe où sont situés ces deux beaux établissements.

Il n'entre point dans nos intentions de préconiser le mode de propagation de l'élève du cheval et surtout du système de remonte suivi par l'Autriche. Tout ce que nous pouvons dire, c'est que la production de l'espèce chevaline y est

plus que suffisante aux besoins de l'armée, des
propriétaires et des agriculteurs, et que nous devons constater, après des observations faites sur
tous les points du pays pendant un séjour de
plusieurs années, qu'il y a amélioration constante aussi bien dans les produits sortis des
établissements de l'État que dans ceux des haras particuliers. La cavalerie est bien montée,
surtout depuis ces dernières années, et si ses
chevaux n'ont pas toute l'élégance et la finesse
de formes désirables, ils rachètent ces légers défauts par une conformation vigoureuse, ont tout
le fond nécessaire pour les divers services auxquels ils sont appelés et rendent enfin de longs
services. Ce sont là, d'ailleurs, les meilleures
conditions pour les chevaux de guerre. Nous devons ajouter qu'à la vérité il est difficile de réunir tant d'éléments de succès qu'en présentent la
Hongrie et les autres provinces de l'empire d'Autriche et qu'il serait peut-être difficile d'arriver
à ces beaux résultats dans d'autres pays, proportion gardée, même pour les bases moins larges
sur lesquelles y seraient fondées les mêmes
institutions. Mais bien que la question soit ardue, il ne faut point pour cela croire que tout a
été fait et qu'on ne peut rien faire de plus: les

limites de toute science sont infinies et on n'en a pas le dernier mot, tant qu'on ne s'est pas livré à toutes les investigations possibles.

Nous allons passer en revue, parmi les nombreux haras que possède la Hongrie, ceux qui sont les plus remarquables. Nous devons auparavant faire remarquer que, parmi ces établissements, il en est qui vraisemblablement ont disparu depuis un an, soit que leurs propriétaires aient péri dans la dernière guerre, soit que, par suite de confiscation, ces haras aient été dispersés.

Le haras du prince Nicolas Eszterházy, situé à Ozora, dans le comitat de Tolna (Basse-Hongrie), renferme environ six cents chevaux provenant de race arabe et anglaise. Ils sont d'une haute taille, très musculeux et d'une belle conformation. Cet établissement, très renommé dans le pays, existe depuis cent vingt ans, et dans ces dernières années il vient d'être ennobli par des juments anglaises de pur sang. Le prince Eszterházy est l'un des entraîneurs ordinaires des courses nationales.

Le haras du prince Antoine Pálffy, à Malaczka-Detrekö et Váralja, dans le comitat de Presbourg, provient de chevaux de sang noble et a acquis de la renommée par ses beaux produits. Nous avons surtout admiré de superbes chevaux de carrosse.

Celui du comte Joseph Húnyadi, à Ürmény et Koszi, dans le comitat de Neutra, a déjà rendu beaucoup de services et se trouve visiblement en progrès, d'après le dire des amateurs du pays, grâce, dit-on, à la libéralité de son propriétaire, à ses vues profondes et à un traitement intelligent, conforme en tout au plan qu'il s'est tracé en créant cet établisssement. Trois étalons d'origine pure arabe et procurés à grands frais, trois étalons turcs non moins distingués que les précédents, puis quelques autres choisis dans le haras améliorent la race indigène d'une manière qui frappe même des hommes qui ne sont point connaisseurs. Et comme il se trouve également dans ce haras trois juments arabes de pur sang, le pays possédera dans un temps donné une race de cette origine, curiosité zoologique digne de remarque pour ceux qui n'ignorent pas les peines et les frais extraordinaires qu'il en coûte pour transporter dans un climat étranger des chevaux de choix de cette race. Le reste du haras est composé de quatre-vingts juments et se trouve en état de produire quarante individus annuellement. En général, on a en vue d'y élever une vigoureuse race de chevaux de selle et de n'y considérer la production de chevaux de harnais que comme accessoire. C'est pourquoi la mesure actuelle est de soixante pouces, terme moyen que les soins et l'accouplement systématique pourraient faire augmenter encore.

Un autre haras du comte Húnyadi, établi dans ses propriétés du comitat de Somogy, à Simon-gáts, est destiné à procréer la race des chevaux de harnais proprement dite. Comme le comte, dans ses entreprises, n'envisage pas seulement ses intérêts particuliers et que, élevant ses vues à la hauteur d'un sentiment patriotique, il les étend généralement sur la propagation de l'élève du cheval en Hongrie, il a fondé dans ce but louable deux institutions dignes d'approbation. L'une consiste dans une course de chevaux annuelle qui a pour but de prouver la valeur intrinsèque des produits de son haras, de stimuler le zèle de dignes émules dans la personne des autres propriétaires éleveurs. L'autre n'est pas moins profitable. Comme il arrive chaque fois que des chevaux de paysans prennent part aux courses pour disputer les prix offerts, et que leurs propriétaires se voient en conséquence dans la nécessité de s'appliquer aussi à l'amélioration de leurs élèves, il y a toujours dans le haras du comte Húnyadi des étalons de réserve que les paysans peuvent employer gratuitement à saillir leurs juments. Quand ce sont d'ailleurs de belles juments de propriétaires ou d'amateurs de chevaux il ne manque pas de permettre qu'on emploie des étalons de plus noble race. Ce sont là d'excellents moyens pour faciliter le développement de la reproduction chevaline et améliorer de plus en plus les espèces.

Comme nous l'avons déjà dit, les haras du comte Húnyady produisent des chevaux de l'origine la plus noble et d'une rare beauté. On n'y peut satisfaire aux nombreuses demandes qui sont adressées dans le pays et par des étrangers désireux d'obtenir de ses élèves. Le roi de Wurtemberg actuel acheta naguère pour quatre cents ducats d'Autriche (environ cinq mille francs) un étalon de quatre ans, et après l'arrivée du noble animal en remercia le comte par une lettre autographe conçue dans les termes les plus honorables. On cite parmi les plus célèbres étalons de ce haras : *Tereffi*, *Monaki*, *Montedoro*, *Zaffir*,

Gemil, *Troiti*, *Sadir*, *Tajar*. Ce dernier ne pourrait être assez estimé pour sa stature d'une
beauté incomparable, la richesse de ses formes,
sa rapidité et sa vigueur. Ajoutons, enfin, que
les chevaux de course du comte Húnyady rem-
portent chaque année des prix aux courses de
Vienne, de Pesth et de Presbourg.

Le haras du comte Viczay, dans le comitat de
Tolna, a malheureusement été supprimé en
1836; il était regardé comme le plus noble de
la Hongrie, provenant de pure race hongroise,
croisée avec le plus pur sang arabe et anglais:
ces chevaux offraient le type le plus parfait et le
vrai caractère du sang oriental le plus noble.
Les principaux étalons, dont les connaisseurs se
souviennent encore, étaient *Grosvenor* (bai-clair),
Griffin (bai-brun), tous deux anglais, et *Marbek*,
arabe.

Le comte Étienne Széchényi ne commença de
monter son haras de pur sang anglais, situé
dans le comitat de Soprony ou Œdenbourg, qu'a-
vec six juments qui ont produit d'excellents chevaux de selle et de course. Ces derniers se sont
distingués souvent parmi les vainqueurs des
courses périodiques de Pesth et de Vienne. C'est

assez dire les rares qualités de ces chevaux qu'on recherche assez. Disons que le comte Széchényi, comme fondateur de la société nationale des courses de Pesth, a fait preuve, depuis 1828, d'un zèle, d'une intelligence et d'uue patience exemplaires pour l'amélioration et le développement de l'élève du cheval en Hongrie. — La race de chevaux de monture et de harnais, issue de sang arabe et anglais, d'une taille moyenne, appartenant au comte Paul Széchényi, à Marczáli, comitat de Somogy, doit être également mentionnée pour ses beaux produits.

Nous ne pouvons passer sous silence la race pur-sang anglais du haras du comte Louis Károlyi, à Kaposztás-Megyer, dans le comitat de Pesth. Cette même famille a possédé à Tót-Megyer, dans le comitat de Neutra, une espèce de chevaux de harnais et de selle légers, provenant de sang anglais et transylvain. Mais il y a plusieurs années que ce haras a été supprimé. Le comte Georges Károlyi propage, à Nágy-Károlyi, une race de chevaux de selle pur sang anglais et entretient à Szanizlo, dans le comitat de Szathmár, un autre haras de demi-sang hongrois également estimé.

Le haras de race arabe du comte Ladislas Festetics, remonté naguère par des chevaux orientaux de pur sang, était remarquable par les qualités et la belle conformation qui étaient propres à ses produits; ses chevaux de selle étaient renommés. Il possède encore aujourd'hui à Készthely, dans le comitat de Zala, un haras de chevaux de selle issus de sang anglais mêlé, et surtout d'excellents chevaux de harnais que les grands propriétaires de Hongrie et même d'Autriche recherchent pour leurs équipages.

Le haras d'étalons et de juments arabes de pur sang, provenant du haras du comte Viczay, que le baron Fechtig possédait à Lengyel-Tót, comitat de Somogy, renommé pour ses chevaux de selle et surtout de carrosse, est devenu depuis vingt ans la propriété du comte Nicolas Festetics.

Plusieurs propriétaires de haras du comitat de Somogy se sont réunis en société, en 1835, se proposant pour but l'amélioration de la production chevaline. L'opinion publique atteste de plus en plus en Hongrie qu'ils ont obtenu le résultat qu'ils désiraient. On trouve déjà dans ce comitat beaucoup de beaux chevaux de selle et de harnais, hauts de quinze à dix-sept poings, provenant en partie de chevaux anglais et arabes de pur et de demi-sang, en partie de chevaux d'origine hongroise pure. Les premiers fondateurs de cette société, créée, comme nous venons de le dire, pour l'ennoblissement de l'élève du cheval, sont : les comtes Jean Húnyady et Nicolas Festetics, le baron Fechtig, MM. Ladislas de Czindery, Paul de Csápody, etc., dont les haras ont produit déja des individus remarquables sous tous rapports. Des centaines de chevaux de sang noble sont vendues chaque année dans ce comitat. On a vendu, en 1844, au haras du comte Jean Húnyady, des chevaux d'un, deux, trois et quatre ans, issus de chevaux anglais et arabes pur sang, excellents pour le carrosse et la selle, à des prix très élevés, tant pour le pays que pour l'étranger. Nous ne ferons pas un nouvel éloge des étalons producteurs de ce haras dont nous avons parlé plus haut; il nous suffira de dire qu'aux courses annuelles de Presbourg, de Vienne, de Pesth et de Hetes, les chevaux entraînés par le comte ont toujours gagné les premiers prix.

Le haras de M. de Jankovics, à Szölös-Györök, comitat de Somogy, a de bons chevaux de selle et de harnais de race transylvaine, fort recherchés pour leur taille et leur vitesse. La race de chevaux d'attelage et de monture de sang anglais et arabe appartenant à M. Antoine de Festetics, à Bököny, comitat de Somogy, et à Dég, comitat de Veszprim, commence à acquérir de la renommée en Hongrie par l'excellence des produits qu'on y a obtenus dans ces dernières années. Il en est de même des chevaux pur sang anglais et oriental que M. Ladislas de Czindery propage dans son haras de Lád, près Somogy.

La race de pur sang oriental et anglais de M. Paul de Csápody, à Attád, comitat de Somogy, est renommée dans toute la Basse-Hongrie. Ce propriétaire intelligent a déjà fait de grands sacrifices pour l'amélioration de l'élève du cheval, et il a en partie recueilli déjà la récompense de son zèle par les nombreuses palmes que lui ont remportées les chevaux sortis de son haras dans les courses du pays et de l'étranger. Il a en outre établi sur ses domaines des chasses à courre périodiques qui sont fort suivies. Son établissement renferme environ deux cent cinquante chevaux. La race transylvaine, de petite taille, du comte Casimir Batthyány a eu naguère une grande réputation : plus tard elle a été croisée avec des chevaux anglais et a pro-

7

duit d'excellents sujets. Son haras de Somodor, comitat de Somogy, a été supprimé il y a quelques années.

Comme, à cause du grand nombre de haras particuliers de la Hongrie, nous ne pouvons donner des détails sur chacun d'eux, nous nous bornerons à mentionner seulement encore, parmi les principaux, ceux des comtes Charles Batthyány et d'Apponyi, Charles et Ladislas Eszterházy, Nicolas Zichy, Emeric Festetics, Rodolphe de Lamberg, Samuel et Joseph Teleki, Illésházy, Amade, Abraham Vay, Aloys Almási, Wenckheim, Georges Andrássy, Haller, Pejachevich; ceux des barons Pongrácz, Luzenszky, Koller, Orczy, Baldácsy, Prónay, Paul Nyári, de l'archevêque de Kalocza, de l'évêque comte Cząky, de la comtesse Erdödy, de MM. Etienne de Bezeredy, Nicolas de Döry, etc...

Il existe une race de chevaux de petite taille dans les provinces du sud-est de la Hongrie. On les rencontre dans toute la partie haute et sauvage des Alpes qui séparent la Transylvanie de la Valachie. Cette race est appelée dans le pays « *mocani* », mot qui signifie en langue valaque « habitant des Alpes ». Ces chevaux que nous avons eu occasion de voir dans la vallée de Cserna portent les voyageurs au sommet des hauteurs qui dominent cette contrée. Ils sont tout aussi petits que ceux des Tartares de la Crimée, et comme eux sont sûrs, prudents, infatigables et tenaces, mais méchants et hargneux comme des chiens loups et ont mauvaise mine. Quand nous montâmes ces *mocani*, en compagnie d'autres voyageurs, ils se mirent à ruer et à se mordre la queue l'un à l'autre, mais ils s'apaisèrent à la montée des Alpes et ils ne purent plus avancer qu'avec précaution.

Les beaux produits des haras des propriétaires ont excité depuis longtemps en Hongrie l'émulation des paysans eux-mêmes. Ainsi ceux des villages hongrois des bords de la Vaag élèvent des chevaux qui ne seraient certes pas indignes de servir à leurs seigneurs. C'est avec ces chevaux musculeux et bien découplés qu'on leur voit souvent prendre part aux courses annuelles du pays. Nous avons trouvé à Farká, Negyed, Hoszszufalu, Szent-Király et autres villages des environs, des chevaux de race hongroise, proprement dits, dont nous avons admiré les bonnes qualités et la belle conformation. Le village nommé Tároshegyi renferme à lui seul douze cents chevaux dont beaucoup sont de sang noble.

Les contrées slaves du royaume de Hongrie offrent, sous ce rapport, moins d'avantages, surtout depuis que certaine coutume, établie par l'empereur Joseph II et maintenue même après sa mort, a été abolie. Elle consistait en ce que chaque paysan était libre d'amener des juments aux étalons entretenus par chaque comitat. Le village slave Maniga n'en est pas moins justement renommé pour ses bons chevaux, et Westenicz, notamment, pour ses vigoureux chevaux de selle avec lesquels les cultivateurs de safran de la contrée entreprenaient naguère leurs voyages en caravanes jusqu'au cœur de la Russie, et même jusqu'en France.

Nous nous sommes fort étendu sur l'élève du cheval en Hongrie parce que c'est la partie de l'Europe qui en possède le plus proportionnellement et qui s'intéresse aussi le plus à la production, en ce que ce n'est pas seulement l'état et les riches propriétaires qui s'en occupent, mais encore les plus pauvres paysans. Les chevaux et le gros bétail, bien nourris et pourvus d'un équipement propre et bien tenu, forment surtout les choses dont le paysan hongrois se plaît à faire parade. Ils sont une preuve de la prospérité de sa maison et lui attirent l'estime de ses concitoyens. Quiconque le peut s'efforce donc, quels qu'en soient les moyens, d'entretenir un nombre de ces animaux qui surpasse ses besoins réels. Enfin la Hongrie produit annuellement deux cent cinquante mille chevaux et six millions de bêtes à cornes, y compris trente-sept mille bœufs.

Le cheval transylvain, d'après les preuves qui en ont été fournies par plusieurs auteurs, tire son origine de chevaux d'Espagne amenés en Transylvanie sous l'empereur d'Allemagne Charles VI, le roi Charles II des Hongrois. Cette race fut entretenue à grands frais jusqu'en 1828 dans cent cinquante haras des plus riches propriétaires du pays. Mais à partir de cette époque les cinq sixièmes de ces haras furent dispersés. On a pu arriver à donner à la plus belle race transylvaine, par le croisement de chevaux anglais qu'on importa, une taille plus élevée, grâce surtout aux efforts du baron Nicolas Wesselényi qui possède encore douze de ces chevaux. Mais cette race, en perdant ses formes gracieuses, abandonna généralement son caractère propre ; ce que voyant, beaucoup d'autres propriétaires qui avaient des juments nobles les croisèrent avec des chevaux anglais et commencèrent à propager une race d'une taille encore plus élevée, en sorte qu'ils ont aujourd'hui des chevaux de race transylvaine, non-seulement en nombre suffisant pour leurs besoins, mais peuvent encore en fournir annuellement deux mille de choix à la cavalerie et bon nombre d'autres à l'industrie.

L'ancien cheval transylvain fut, après l'avoir été avec la race espagnole, croisé avec l'arabe et renouvelé par le pur sang oriental. Il était à cause de sa grande vitesse très propre à l'équitation : il semble d'ailleurs, par sa conformation, avoir été destiné par la nature à ce but. On obtient du reste aussi de cette race d'excellents chevaux de harnais. La race transylvaine moderne dépouillée par le sang anglais de son caractère naturel doit, pour répondre aux différents usages auxquels on la destine, être mêlée avec un autre sang. Le cheval primitif et originaire de Transylvanie était d'une taille moyenne et avait la tête gracieusement courbée ; ses oreilles peu allongées étaient bien formées et droites, ses yeux beaux et grands étaient pleins de feu; ses os étaient minces , son cou allongé et fort , sa poitrine large, ses épaules bien attachées, le corps robuste, la croupe allongée et arrondie , la partie inférieure des jambes longue , le port majestueux et élégant. Il a perdu aujourd'hui ces caractères. Les croisements irrationnels, pratiqués par les éleveurs de plusieurs comitats , ont aussi abâtardi cette race dont il est difficile de rencontrer aujourd'hui des types purs.

Le troisième haras de l'empereur d'Autriche se trouve à Biber et Lautkovicz en Styrie , et aux environs d'Ossiach , Arnoldstein et Taverk en Carinthie. Le quatrième est dans la Bukowine , à Radocz , et les succursales à Vikow, Andmoladik , Voytinel , Mitoha , Tokmitura , Trassi et Hardegg-Volgy. Cet établissement a été fondé par l'empereur Joseph II, en 1780, à Vaskoncz, près du fleuve Czeremos. On y comptait , il y a quelques années, quinze cents chevaux. La propagation s'y fait annuellement par soixante étalons et trois cent cinquante juments. Ce haras a ses pâturages dans les montagnes des Carpathes , à douze mille de Radocz. Le cinquième haras est situé à Nemosicz et Miesicz en Bohême.

Il y en a encore plusieurs autres qui se trouvent, en Autriche, à Vienne, Schloshof et Ekartsaul; en Moravie, à Hatschein, Brünn, Olmütz, Velchard et Schivitz; en Bohême, à Nimbourg, Prague, Koniggratz, Pardubitz, Josephstadt, Theresienstadt, Tabor, Pesch, Pilsen, Podiebrad, Klattau et Klumetz; en Gallicie, à Dracovicze et Olkovcze; en Illyrie et dans la Haute-Autriche, à Gratz, Marbourg, Sello et Klagenfurt; en Transylvanie à Szeben; dans le royaume lombard-vénitien, à Crémone.

Les chevaux de Croatie et d'Esclavonie sont en assez grand nombre, de petite taille, légers, gais et durs à la fatigue; ils sont surtout propres à l'attelage léger; ils sont dépourvus de toute beauté de formes, mais ils forment d'excellents trotteurs.

La propagation de l'élève du cheval en Angleterre peut, à bon droit, passer pour la plus parfaite de l'univers. Elle n'est pas seulement favorisée par un sol propice et la situation avantageuse de cet État, mais elle l'est surtout par l'esprit industriel de ses habitants, qui lui ont fait atteindre sa plus grande perfection en s'efforçant d'importer dans leur patrie les meilleures races trouvées dans les contrées du monde les plus reculées, de connaître les diverses influences de la nature et de persister dans leur système avec une patience inébranlable.

Sous le règne d'Athelstan, qui mourut en 841, les Anglais élevaient déjà de bons chevaux et s'occupaient sérieusement de leur propagation. On en trouve la preuve dans une loi de ce monarque, qui interdisait l'exportation des chevaux. Roger de Belesme, comte de Schrewsbury, fut le premier qui commença à ennoblir l'espèce chevaline, dans son domaine de Povisland (Pays-de-Galles), par des chevaux de race achetés en Espagne. La race qu'il en obtint, et qui exista pendant plusieurs siècles, était renommée pour ses bonnes qualités et surtout pour sa vitesse. Sous Henri IV d'Angleterre, les lois favorisaient l'ennoblissement des chevaux. En effet, par la fondation de concours périodiques, due à ce prince, on put connaître et employer à la reproduction les chevaux les plus convenables sous tous rapports. Mais sous les règnes de Henri VII et Henri VIII, on importait déjà en Angleterre des chevaux arabes de l'Afrique et de la Perse, dont le croisement avec la race indi-

gène produisit les meilleurs coureurs des concours. L'ennoblissement de l'élève du cheval,
depuis cette époque, ne fit qu'augmenter; et
déjà sous le roi Jacques Ier, en 1663, un étalon
de sang arabe coûtait cinq cents livres sterling.
Le premier qu'on importa en Angleterre jeta les
fondements d'une industrie chevaline qui n'a
pas cessé d'être florissante jusqu'à nos jours. On
introduisit aussi plus tard en Angleterre des
chevaux allemands de haute taille, qui y pro-
créèrent dans plusieurs provinces une race de
chevaux anglais plus grands que tous les autres.

Le cheval anglais, dont le plus ou moins de
caractère oriental est exprimé chez nos voisins
d'outre-mer par le mot « sang, » est issu des races indigène, arabe, berbère, turque, frisonne
et allemande. Il ressemble beaucoup, quant à la
conformation générale, au cheval arabe et turc,
mais sa taille est bien plus élevée. Le cheval né
d'un étalon et d'une jument arabes ou de pur
sang oriental est appelé par les Anglais « cheval
de sang ou de pur sang. » La conformation du
cheval anglais est bien proportionnée et régulière. Il a la tête maigre, petite et étroite; les
oreilles très courtes et se rapprochant l'une de
l'autre, le cou bien fait et allongé, les épaules

sèches et légères, le dos droit, fort et musculeux, la queue droite, et son attache à la croupe
élevée; les jambes de derrière plus courtes que
celles de devant.

La race anglaise la plus propre à la reproduction
est celle dont la croissance est rapide et qui peut
être employée de bonne heure à la procréation.

Parmi les chevaux anglais, il y en a beaucoup
de remarquables par leur vitesse, excellents
sauteurs, très propres à la chasse et souvent
hauts de dix-huit poings. Ils sont appelés communément « éléphants; » ils trottent rarement
et ne marchent qu'au petit pas ; ce sont des chevaux spécialement destinés pour la chasse.

La race anglaise peut être divisée en deux
classes : la première indigène, la seconde née
de croisements avec différentes races, d'où des
chevaux de pur, demi, quart, peu, beaucoup de
sang. Nous allons examiner les chevaux de la
première classe.

Certaine espèce de chevaux de la race indigène, connue sous le nom de « chevaux voyageurs, » a presque entièrement disparu; mais
quelques propriétaires zélés et intelligents font
de louables efforts pour la conserver. Cette es-

pèce peut être regardée comme ayant l'origine la plus ancienne, bien que plusieurs auteurs affirment qu'elle est issue de souche normande, allemande et flamande. Cependant, il est vraisemblable qu'il y a eu des chevaux de très haute taille, forts et durs à la fatigue, originaires des contrées fertiles de l'Angleterre ; qu'au temps d'Adalstan, on voyait apparaître dans les guerres des chars armés attelés de chevaux magnifiques, fougueux et de taille très élevée, à l'aspect desquels non-seulement les troupes de César, mais encore les habitants de l'Angleterre étaient frappés de stupéfaction et de crainte. L'origine très ancienne de cette race est d'ailleurs attestée par des ossements de cheval pétrifiés qu'on a trouvés, d'après Parkinson, sur différents points des Iles Britanniques. La stature de l'ancien cheval voyageur montre assez quelle devait être sa force. Il avait les os comparativement petits, les épaules peu charnues, les jambes fortes. Sa taille était, dit-on, de dix-sept à dix-huit poings et sa robe de couleur variée.

Les chevaux de Cléveland ont été longtemps fort estimés et regardés comme les meilleurs de l'Angleterre ; mais ils ont dégénéré dans ces derniers temps. Dans le Yorckshire, on en élève

en grand nombre et l'on s'y efforce de les ennoblir. Les comtés de Durham et de Northum-
berland produisent d'excellents chevaux de
selle. Cette race n'a point de rivale pour la rapidité de son allure. On obtient avec les juments
de Cleveland de bons chevaux de race et de forts
étalons; depuis quelques années, on élève aussi
des chevaux de trait tellement robustes que l'un
d'eux peut traîner une charrue faite pour être
attelée de quatre chevaux ordinaires. Trois de
ces chevaux traînent, dans l'espace de vingt-
quatre heures et à une distance de soixante
milles, quinze mille kilogrammes de plomb; ils
font ce voyage quatre fois par semaine. On élève
aux environs de Suffolk d'excellents chevaux
pour l'exploitation agricole; ils sont petits et
gras. On estime aussi beaucoup ceux de Nor-
folk et d'Essex, qui se distinguent non par leur
beauté, mais par leur dureté au travail. Il en est
beaucoup de couleur fauve; ils ont la tête char-
nue, les naseaux blancs, les oreilles fendues, la
bouche poilue, la partie antérieure du corps
quelquefois allongée, mais le tronc droit et les
épaules saillantes; la croupe est plus élevée que
le devant du corps et bien arrondie; les jambes
sont courtes, le ventre grand. On les recherche,

peut-être , parce que l'expérience prouve qu'ils
retiennent longtemps la nourriture qu'ils prennent et , partant, supportent la faim bien plus
facilement ; ils conviennent beaucoup pour les
travaux de longue haleine. Il est certain que
dans les contrées dont nous venons de parler,
ils labourent plus en un jour qu'ailleurs on ne
le fait en deux ; c'est pourquoi on s'en sert aussi
de préférence dans les autres provinces.

Dans le comté de Leicester, il y a de lourds et
grands chevaux, dont la race est conservée pure
dans l'intérieur de l'Angleterre, sans mélange
avec d'autres chevaux : ils sont de sang noble.
On peut les rencontrer chaque jour aux environs
de Londres, voiturant des minéraux, de la farine
et d'autres fardeaux ; leur conformation les rend
très propres à ces travaux. Le lecteur pourra se
faire une idée de cette race, quand il saura que
les quatre fers d'un tel cheval pèsent plus de dix
kilogrammes. Les propriétaires agriculteurs se
servent rarement de ces chevaux, parce que leur
système d'exploitation agricole demande des chevaux moins pesants et qui puissent convenir
pour différents travaux fatigants et de longue
durée. Ces chevaux de trait, qui sont noirs, proviennent, dit-on, de chevaux communs de Bel-

gique et de Frise. Ceux dont la taille est plus petite sont employés aussi au service de la cavalerie de ligne. Les plus beaux se trouvent dans le Leicestershire, le Warvickshire, le Straffordshire et le Derbishire.

Les chevaux des contrées montagneuses du pays de Galles sont petits et ne servent que pour la monture. Durs à la fatigue, d'une allure agréable, ils ne peuvent être surpassés facilement sous ces deux rapports par le cheval anglais proprement dit, ou tout autre du nord et de l'ouest. Ils surmontent très aisément toutes les difficultés des plus mauvais chemins.

Le cheval de Clydesdal fut longtemps fort estimé en Écosse et plus tard aussi dans le nord de l'Angleterre pour les travaux de l'agriculture. Les opinions sont divisées sur son origine. On en trouve dans le Clydesdalshire, le Lanarckshire et d'autres lieux du nord de l'Écosse, entre le Clyde et le Forth. On en vend beaucoup dans le Carnvath, le Rutherglen et à Glascow. Le cheval de Clydesdal est ordinairement plus grand que celui du pays de Galles; son cou est allongé, son poil le plus souvent bai et gris: il a assez généralement sur le front une tache blanche, que

les habitants de ce pays regardent commeun signe de beauté; son poitrail est large, ses épaules
charnueset bien attachées, lacorne dupied ronde
et noire, le corps droit et large, les flancs rétré-
cis, la queue épaisse. Le principal caractère de ces
chevaux, qui fait qu'on les recherche, c'est qu'ils
sont très sûrs pour l'attelage, et qu'on en rencontre rarement parmi eux qui soient capricieux.

Dans le reste de l'Écosse, leschevaux sont très
petits, mais durs. Les Écossais de Galloway, les regardaient autrefois comme les meilleurs, mais
cette race est presque entièreme ntéteinte, parce
qu'ils ne sont pas convenables pour les travaux de
l'agriculture; c'est là la principale cause quia fait
négliger leur propagation. Ils sont, d'après les
chroniques les plus vraisemblables, issus de chevaux espagnols, chargés sur une flotte de cette na-
tion dont les vaisseaux firent naufrage près de Galloway, et de juments indigènes. Leur race a été
conservée pure : leur poil est bai, les pieds sont
noirs, les os minces, l'encolure courte, la tête
petite.

La race de chevaux anglais de la seconde
classe, issue du croisement de chevaux indigènes avec des étrangers, comprend : première-

ment, les chevaux de course de pur sang, qui proviennent d'étalons de pur sang oriental et de juments anglaises aussi de pur sang, et réciproquement. Ils sont devenus si remarquables, qu'il est impossible d'obtenir maintenant en Angleterre rien de mieux, quant à l'harmonie des formes, l'allure, la vitesse et la vigueur; c'est ce que les courses, du reste, ont prouvé depuis longtemps, tant dans le pays même que sur le continent.

Les Anglais ont croisé des juments indigènes avec des étalons arabes ou berbères, puis ils ont croisé les juments nées de ce mélange avec des chevaux de pur sang oriental. En continuant ce système, ils ont obtenu des chevaux de sang noble indigène, et de la forme du cheval de course, qui ont acquis toute la perfection de formes et les conditions de taille et de vitesse possibles. Ce sont ces chevaux que les Anglais appellent spécialement « chevaux de course. » Les chevaux de course anglais, s'ils ne l'emportent pas sur les chevaux d'origine orientale sous le rapport de la noblesse du sang, les surpassent, du moins, par leur allure rapide. On prétend que leur vitesse est dans la même proportion avec les chevaux orientaux, comme quatre est à trois. Le célèbre *Childers* franchissait, à chaque enjambée,

une distance de vingt-trois pieds, tandis que le
meilleur coureur berbère ne peut franchir
qu'un espace de dix-huit pieds et demi. Il faut
avouer, toutefois, que ce dernier, si la distance
à parcourir était longue, laisserait à la longue le
cheval anglais derrière lui et arriverait le premier au but. En effet, l'anglais fournira victo-
rieusement une carrière courte, ou, si elle est
longue, il la fournira en deux fois, après un certain temps de repos, alors que l'arabe, moins rapide, tiendra jusqu'au bout le terrain, et fournira
tout d'une haleine la distance exigée en une seule
épreuve. Nous avons été témoins de pareils cas aux
courses de Hétes (Basse-Hongrie), et en plusieurs
occasions, en Autriche et dans le Wurtemberg.
C'est pour nous un fait désormais incontestable,
et c'est là une raison de plus qui peut contribuer
à fortifier l'opinion de ceux qui veulent voir user
davantage du sang arabe pour obtenir, sinon une
grande vitesse, au moins que les chevaux appelés à certains services, aient d'abord plus de
fond, tiennent plus longtemps la plaine, possèdent des conditions de force et de souplesse sa-
tisfaisantes, en un mot, soient plus aptes aux principaux usages qu'on veut en faire.

Les Anglais déploient un grand zèle dans la

propagation des chevaux de course, mais la dépense pour l'entretien de ceux-ci est très onéreuse. Elle est, il est vrai, compensée jusqu'à un certain point par les sommes que rapportent les prix considérables gagnés sur le turf par les chevaux vainqueurs. Ainsi, *Pantalon* a gagné à son propriétaire, M. Vernon, cinq mille huit cent quarante guinées en treize fois; *Treutham*, à M. Solei, en neuf courses, trois mille neuf cent soixante guinées; *Pamphlin*, au même propriétaire, trois mille quatre cents en six fois; le bel étalon *Amphion* a gagné à lord Bolingbrocke, en huit courses, deux mille quatre cent quarante guinées. Dans ces derniers temps, beaucoup de chevaux de course anglais ont été transportés en Orient et en Égypte, afin que cette race y soit propagée.

Il est déjà pour ainsi dire impossible de désirer une plus grande vitesse chez les chevaux dont nous venons de parler. Pour citer un exemple, *Bai-Matton*, aux courses d'Yorck, parcourut une distance de quatre milles anglais, en sept minutes, quarante-trois secondes. *Childers*, *Éclipse*, *Highflyer*, *Matchem*, *Harntletonian*, n'ont fait qu'accroître la renommée et la valeur de ces chevaux de course.

La seconde espèce de la seconde classe, le cheval de chasse, est issue d'un étalon de pur sang et d'une jument noble de peu de sang. Ce cheval se distingue du cheval de course par son corps plus grand et sa dureté; il n'est pas fort rapide, mais il supporte facilement les fatigues et les difficultés d'une chasse. Les Anglais emploient pour sa reproduction de vigoureuses juments. Le cheval de chasse anglais franchit avec beaucoup d'aisance des obstacles dangereux, alors même qu'il est pesamment chargé, et se tient constamment à une petite distance de l'animal poursuivi par les chasseurs. Il est enfin très renommé dans toutes les parties de l'Europe.

La troisième espèce de chevaux anglais, les chevaux ennoblis, qui proviennent du même croisement que les derniers, ressemblent cependant davantage à la race indigène. On s'attache principalement à les ennoblir; c'est pourquoi on emploie à leur propagation les étalons de plein sang les plus purs. Toutefois, ils diffèrent des chevaux de chasse par leur taille plus petite et des propriétés qui leur sont propres.

Les Anglais appellent commun ou non noble tout cheval qui n'est pas issu de sang oriental;

de trois quarts de sang, celui dont l'un des parents est noble tandis que l'autre est de demi-sang ; d'un quart de sang, celui dont l'un des parents est de demi-sang et l'autre non noble ; de beaucoup de sang enfin s'il provient de croisement d'un cheval aux quinze seizièmes de sang avec un autre de trois quarts de sang.

La quatrième espèce comprend les meilleurs chevaux de harnais. Ils proviennent d'un cheval de chasse et d'une jument plus noble et se distinguent principalement par leur taille élevée. On fait de l'éducation de cette espèce de chevaux une très grande branche d'industrie dans le Yorckshire, et elle constitue une grande partie du commerce d'échange de l'Angleterre avec l'étranger. Les plus grandes foires de ces chevaux ont lieu à Banbury, Northampton. Reading et Leicester.

Outre les races que nous venons d'énumérer, il faut encore mentionner les poneys et les chevaux de Galloway. Les premiers sont venus sans nul doute de la Suisse, et sont élevés principalement dans le pays de Galles où ils forment une grande branche de l'économie agricole. Le cheval poney, à peine haut de deux à trois pieds, a les membres grêles, est infatigable, obéissant, docile. Les enfants de six ans montent ces chevaux et apprennent ainsi l'équitation. Comme leur pas est sûr, ils sont aussi très recherchés des femmes; malgré leur petite taille ils sont assez rapides et ont l'allure agréable. Les Anglais se sont attachés à obtenir une race de poneys plus grande : aussi ont-ils croisé ces chevaux avec des juments campagnardes de plus haute taille; c'est de ce croisement qu'est originaire le cheval de selle de Galloway, de taille plus élevée, mais au-dessous de quinze poings, d'une allure paisible. Il sert à l'usage des femmes et des hommes d'un âge avancé; il est d'une grande vigueur : il y a des exemples qui prouvent qu'en un jour il peut parcourir une distance de quatre-vingts milles et bien plus encore. Ainsi, d'après le témoignage de J. Hering, on peut citer *Corkers*, cheval de Galloway, qui, en 1754, fournit dans la plaine de Newmarket, trois jours successivement, une course de cent milles.

Depuis quelques années, les chevaux de Galloway, du pays de Galles et de Newforest sont plus estimés : celui de Hampshire est d'un sang plus noble ; cependant celui du pays de Galles a reçu ses plus belles qualités du célèbre étalon *Merlin*. Il existe encore plusieurs espèces de poneys et de chevaux de Galloway : ainsi dans le Devonshire, où la plupart sont employés au trait, ceux de Dartmoor qui sont renommés pour leur paisible allure, le poney d'Exmoor, enfin, qui est plus beau que ce dernier.

Le poney des montagnes est plus petit que celui de Galloway ; il a la tête large et le dos droit ; il s'avance lentement et avec tant de précautions, que lorsqu'il approche de la glace il la flaire d'abord, frappe du pied la surface afin de s'assurer si elle peut le porter : ce n'est qu'après avoir pris ces mesures de prudence qu'il se remet en marche.

Dans les îles situées à l'extrémité du nord de l'Écosse, il y a des chevaux poneys de sept et neuf poings, d'une bonne conformation, dociles et vigoureux : de nombreux exemples ont prouvé qu'ils peuvent porter un cavalier corpulent à des distances de trente à quarante milles.

Le cheval irlandais est de sang noble, surtout dans les comtés de Meath et de Roscommon où croit un excellent fourrage ; il a le corps allongé, l'allure peu calme, et il est plus petit que le cheval anglais, mais il a la tête plus grande et les jambes plus longues que ce dernier. Sa croupe est forte, ses jarrets larges; il est musculeux, infatigable, bouillant, gai et excellent sauteur. Comme la misère est grande dans ce pays et qu'il s'y trouve peu de chevaux, ils sont employés dès le plus jeune âge à de longs et durs travaux; c'est pourquoi ils ont beaucoup moins de durée et ne sont pas aussi rapides que les chevaux anglais, mais ils sautent bien, plutôt en hauteur qu'en longueur : c'est en cela qu'ils l'emportent sur ces derniers.

On trouve peu de chevaux dans les districts ruraux de l'Irlande et ils ne servent qu'au trait ou au labour. Les paysans n'entretiennent qu'un cheval qu'ils montent pour aller au marché ou qu'ils attèlent à une voiture à deux roues. On ne voit de chevaux de harnais ordinaires que dans les comtés de Suffolk et de Leicester. Dans les contrées septentrionales on trouve quelques chevaux robustes, employés au transport des lins; les autres sont fort mauvais. Il existe encore dans l'Ulster des chevaux durs, sobres, d'une allure agréable; mais leur marche est fort lente et l'usage n'en peut être que fort restreint.

Les Anglais appellent tous les chevaux qui ne sont pas de sang noble « cosktail » parce que, lorsqu'on les monte ou qu'on les attèle, ils dressent la queue comme les chevaux français. Les Anglais et ceux qui ne connaissent le cheval que d'après la théorie attribuent cela à la faiblesse, tandis que les vrais connaisseurs en chevaux l'attribuent à la vigueur, à la bonne conformation intérieure, et à la gaîté et l'ardeur de l'animal. Du reste, s'il était possible que ce fût un défaut, il serait partagé par presque toutes les races, et plus près de nous par celles de l'Europe. En effet, on remarque ce caractère chez les chevaux espagnols, allemands, hongrois, transylvains, cosaques, etc. . . . . . Enfin, les Anglais désignent par le mot « hack » les chevaux de selle, d'où le mot *haquenée*, si souvent employé en France, au moyen âge, pour désigner ces chevaux et surtout ceux qui servaient à l'usage des dames.

Le cheval danois était regardé, dans les temps anciens, comme plus noble que toutes les autres races. Le gouvernement de Danemarck s'attache encore aujourd'hui avec beaucoup de zèle et de patience à la propagation et au développement de l'espèce chevaline. En général, le cheval danois n'a pas les formes bien régulières : le plus souvent son corps est gros, la tête est lourde, le front droit, le cou charnu et court, la poitrine large et nullement en proportion avec le tronc qui est étroit. Il est d'ailleurs doux, docile et courageux ; bon coureur, il porte la tête avec grâce : son allure ressemble à celle des chevaux napolitains, et il est aussi très convenable pour le harnais : il y a beaucoup de chevaux de différentes nuances et tigrés, fort peu de gris et de bais.

Dans l'île de Faro, en face du Danemarck, on trouve des petits chevaux fort vifs, musculeux, durs et d'une allure agréable : ils servent à chasser les moutons sauvages qu'ils attaquent avec les pieds jusqu'à ce que les chasseurs s'en emparent.

Il y a dans l'île d'Islande une race de petits chevaux appelés « Vatua Hestar », d'un poil épais et dur ; on doit en faire mention à cause de ses propriétés toutes particulières. On se sert de ces animaux pour traverser à gué les parties sableuses des rivières. Dans cette occasion, ce cheval se met à genoux et se laisse aller dans l'eau ;

mais s'il lui faut nager dans un fleuve rapide, il se couche, le dos tourné contre le courant, jusqu'à ce qu'il puisse se servir plus facilement de ses jambes. Aussitôt qu'il sent qu'il y a moins d'eau, il saute et prend pied ; mais si le fond ne lui paraît pas solide, s'il est vaseux, il nage au-delà jusqu'à ce qu'il atteigne de nouveau le bord. Pendant ce temps, le cavalier laisse faire en silence et se retient à la queue où à la crinière de son cheval jusqu'à ce qu'il soit porté au rivage.

Les chevaux qu'on élève sur le sol aride et stérile de l'Islande sont, d'après Anderson, pour la plupart issus de chevaux de Norwège. Horrebor avance au contraire qu'ils proviennent de la race écossaise. Ils sont fort petits, agiles et durs à la fatigue : des milliers de ces chevaux vivent au milieu des montagnes nues et tristes de ces pays. Le laboureur en prend parmi eux autant qu'il en a besoin et les ferre lui-même avec de la corne de mouton sauvage. Cette race qu'on voit en troupes, presqu'à l'état sauvage, cherche avec grande peine sa nourriture sous la neige et la glace : aussi sont-ils remarquables par leur sobriété.

Le cheval lapon est petit, agile, docile, bouillant ; on ne l'emploie qu'en hiver au traîneau pour le transport du bois. Si on le lâche dans les plaines pendant l'été, il revient de lui-même au logis quand il sent l'approche des froids rigoureux de l'hiver.

Dans les îles de Jutland et de Seeland on trouve de bons chevaux, mais ils sont très exposés aux maladies des yeux : on en fait des chevaux d'école et de magnifiques chevaux de harnais. Ils sont fort estimés et on en importe beaucoup en Danemarck et en Suède.

Le cheval de Suède et de Norwége n'est pas beau ; il est de petite taille, mais d'une conformation meilleure que celui du Danemarck. Vif, rapide, il a l'allure assez douce. On trouve dans l'île d'Oeland une race également de petite taille, mais bonne et assez vigoureuse.

Le cheval du Groenland, à cause de l'aspérité du climat et du peu de fertilité du sol qui est couvert de neige et de glace pendant les trois quarts de l'année, se propage difficilement.

La nourriture du cheval suédois consiste en

farine de froment et en pain d'avoine qui est aussi la nourriture de son maître. Toutefois ce dernier lui donne ce pain trempé dans la crême, lorsqu'il veut s'en servir pour un voyage long et fatigant. Ces chevaux, qui se distinguent du reste par la dureté de leur tempérament, accomplissent facilement les parcours les plus difficiles. Les Suédois ont beaucoup d'égards pour leurs chevaux et ne les attèlent jamais.

Les chevaux finlandais sont encore plus petits que les précédents et comptent à peine douze poings : on les laisse paître en liberté pendant l'été ; en hiver on les prend comme en Suède et ils s'apprivoisent alors plus facilement. Ils parcourent en une heure une distance de douze milles anglais. Pendant l'hiver ils se nourrissent de poissons secs comme les chevaux de la Laponie.

Le cheval norwégien est plus grand que celui de Suède et de Finlande. Il a le pied sûr dans les chemins montagneux et rocheux de cette contrée. L'étalon de cette race, s'il voit des loups ou des ours s'approcher des juments, se place de-

vant celles-ci et repousse leurs ennemis avec les
pieds de devant ; mais s'il se défend avec ceux de
derrière, il succombe bientôt lui-même.

Le cheval meklembourgeois, originaire de
l'île de Rugen, est jusqu'ici conservé le plus purement dans les haras de Meklembourg-Schwe-
rin. Cette race occupe le premier rang parmi
les chevaux allemands. La conformation de ces
chevaux est régulière, leurs formes agréables ;
la tête est petite, le front droit, les naseaux
ouverts, l'encolure un peu courte, mais se mouvant librement, la crinière fine, le poitrail large,
les épaules robustes et bien attachées, les jambes droites, les sabots noirs et rarement mauvais, le ventre de forme régulière, le tronc droit,
les jambes de derrière bien faites. Ils ont les
mouvements faciles, la croupe bien arrondie, la
queue attachée haut, le pas régulier, le trot
commode, les jambes musculeuses : ils sont per-
sévérants, infatigables. En un mot, cette race est
d'une forte conformation et est susceptible de
beaucoup d'attachement ; elle fournit d'excellents chevaux de selle, d'une belle taille, parmi
lesquels les plus remarquables sont ceux qui
proviennent du haras appelé Ivenak.

Les chevaux communs du pays qu'on emploie aux travaux de l'agriculture sont petits et pétulants, mais on en trouve aussi parmi eux qui possèdent de bonnes qualités : dans les établissements les plus considérables on les croise avec le sang arabe et anglais.

Le cheval de Meklembourg n'est pas très ardent, mais au moindre geste brusque il peut s'effrayer ; il obéit au cavalier, et comme sa bouche est très sensible, on peut facilement le calmer avec le mors. Il est de sa nature doux et docile, s'irritant rarement dans l'écurie, mais ne souffre pas près de lui de cheval de race étrangère. Courageux, il supporte avec calme le bruit des détonations du fusil et du canon. C'est parmi les chevaux allemands le plus dur, et s'il a pu, en ne travaillant pas, se développer jusqu'à sa sixième année, on peut encore s'en servir même lorsqu'il est âgé de plus de trente ans. Quand il a été bien soigné, il est encore alors vigoureux, même après avoir supporté les plus grandes fatigues et son pas est sûr. Petersen cite un cheval de Ludwigslut qui, âgé de trente-huit ans, était encore sain, robuste et capable de servir.

Autrefois, après celle de Meklembourg, c'était dans le haras princier de Zweibruck que se trouvait la race la plus remarquable de chevaux allemands : toutefois cette race ne peut être regardée comme indigène, mais comme bâtarde. Ce haras fut établi par le roi Christian IV, au milieu du siècle dernier, et fut florissant jusqu'en 1793. Dans le principe on ne fit de la race indigène commune que des chevaux de labour, mais elle ne tarda pas à être ennoblie : elle était fort estimée et, sans compter les juments et les chevaux hongres, on expédiait annuellement cent cinquante étalons en Prusse seulement. Leur taille était communément de quatre pieds huit ou neuf pouces ; leur conformation était régulière, leurs os minces ; ils avaient beaucoup d'ardeur. Les étalons dont ils tiraient leur origine étaient danois, meklembourgeois, normands, anglais, espagnols, moldaves, turcs et arabes, et les juments étaient anglaises et normandes. Vers 1790 le nombre des juments indigènes, toutes de première beauté, était de deux mille. Une excellente espèce de chevaux fut obtenue par un croisement oriental et espagnol : c'est de ce croisement qu'on obtint de très bons chevaux de chasse et d'école. La révolution française a fait disparaître ce

célèbre haras dont on ne trouve plus aujour-
d'hui çà et là que quelques restes.

Le margrave d'Anspach a fondé dans sa prin-
cipauté un haras de la même race bâtarde. Cet
établissement a disparu pendant quelques années, à l'époque des guerres de l'empire, pour
être reformé en 1818.

Les chevaux de la Frise et du Brabant sont
ceux qui ont la plus haute taille. Ils ont le corps
robuste et musculeux, les formes régulières, la
tête lourde, le front déprimé, l'encolure courte
et forte, le tronc et la croupe larges et comme
séparés ; l'attache de la queue n'est pas haute
et ils ont les jambes musculeuses et arrondies,
le poilage épais, la crinière fournie, la queue
longue, les sabots grands. Ils sont très convenables pour l'attelage de luxe : aussi sont-ils fort
recherchés en Allemagne pour cet usage.

La race de Holstein n'a pas la même renommée. Ce cheval a la tête de bélier, le cou allongé
qu'il porte haut, le tronc écrasé quelquefois
s'il est attelé pendant sa jeunesse, la poitrine

large , forte et très lourde comparativement à la croupe. Bien qu'il ait les jambes et les jarrets musculeux , il a souvent la conformation de la vache ; ses sabots sont larges ; il n'est pas robuste, a le dos faible et est exposé à plusieurs maladies. Fenneker, qui fut célèbre par la connaissance profonde et pratique qu'il avait des chevaux, met ceux du Holstein au nombre des plus mauvais de l'Allemagne. Il y aurait moyen de suppléer à cette race défectueuse par celle de Meklembourg.

Le cheval du Holstein est, à l'âge de trois ou quatre ans, bien formé, mais à dix ans, il a déjà toutes les infirmités, ce qu'il ne doit pas tant aux fatigues de l'attelage ou à la mauvaise qualité de sa nourriture, qu'à l'influence du climat et du sol de ce pays. Le sol est plat, marécageux, et c'est ce qui fait que ce cheval a les sabots si larges, dont la corne n'a pas souvent de consistance. Nous avons vu dans les écuries du pays plus d'un de ces chevaux qui, quoique à peine âgés de cinq ou six ans, avaient la corne d'un pied, et quelquefois des deux, entièrement en décomposition. Nous avons rencontré entre autres, dans les écuries du comte de W......, à L......, deux forts jolis chevaux de carrosse du Holstein, parfaitement appareillés sous tous les rapports, et mis au harnais depuis dix mois, dont l'un, âgé de cinq ans seulement, avait l'une des cornes entièrement pourrie. Le propriétaire dut s'en défaire, au prix de cent francs, à un paysan qui espérait en tirer parti pour les travaux du labourage. Les deux avaient été payés ensemble deux mille quatre cents francs. Les herbages du sol de ce pays, imbibés d'une liqueur superflue, débilitent aussi le corps de ces animaux et leur occasionnent en conséquence des maladies nombreuses.

Les chevaux du Holstein sont généralement ardents, d'un bon naturel. Beaucoup d'entre eux ont l'habitude de ruer et de mordre, d'autres sont timides et craintifs. On les rend facilement très propres à être montés, mais ils ne conviennent guère pour la cavalerie, parce qu'ils s'efforcent souvent d'emporter leur cavalier, et qu'à cause de leur grande ardeur, ils s'élancent, aussitôt qu'on est en selle, si rapidement, qu'ils sont bientôt fatigués et doivent rester en arrière des autres chevaux, surtout si ceux-ci sont polonais. Ils ne supportent pas les fatigues de la guerre, et s'ils ne reçoivent pas leur nourriture à une heure fixe, ils sont aussitôt abattus : leur allure est lourde et ils cahottent beaucoup leur cavalier.

Il est une recommandation importante à rappeler à l'égard du cheval de Holstein ; c'est de bien examiner ses dents, parce que, dès sa troisième année, les marchands de chevaux lui brisent les dents qui se renouvellent à l'âge de quatre ans. C'est pourquoi on ne doit pas acheter de ces chevaux auxquels les dents ne seraient point encore tombées d'elles-mêmes ; car, lorsqu'ils ont perdu leurs dents naturellement, ils ont une plus belle conformation.

Parmi les chevaux hollandais, la meilleure race est celle de la Frise occidentale, qui est connue sous le nom de *Hard Dravers*. Leur tête est assez grande, l'encolure courte, le tronc tout ensemble raccourci et fort ; les jambes sont quelquefois faibles. Comme ils paissent sur des pâturages humides, leurs sabots sont larges et mous. Cependant, comme coureurs, ces chevaux surpassent presque toutes les races de l'Allemagne, et sont aussi très recherchés pour le carrosse : ce sont des chevaux dits à deux fins. Leur queue est généralement coupée de trop près, ce qui les rend assez difformes à la vue.

Le cheval belge est ordinairement de haute taille, a le corps épais, l'encolure courte, la tête assez laide. Il est très bon comme cheval de trait, a comme les autres chevaux élevés dans des contrées basses et marécageuses de mauvais pieds, et est exposé, ainsi qu'eux, aux maladies des yeux. — Le cheval flamand est très faible, se fait difficilement à un autre climat, et périt par un grand nombre de maladies, s'il est transporté sur un sol étranger.

L'espèce chevaline est assez florissante en Prusse, surtout depuis ces vingt dernières années, et le voyageur est étonné d'y rencontrer tant et de si beaux chevaux de cavalerie et de carrosse. On a excité par tous moyens l'attention des propriétaires et des cultivateurs sur l'éducation des chevaux et réveillé chez eux le goût de cette branche de l'économie agricole, de la Silésie, jusqu'aux bords du Rhin et de la mer. Aujourd'hui, la Prusse, parmi les États allemands, est fière de pouvoir montrer une cavalerie qui est parfaitement montée, sinon nombreuse, et qui est remontée presque exclusivement chez elle. Elle s'est affranchie de l'obligation de demander, comme par le passé, la plus grande partie de sa remonte au Meklembourg, au Danemarck et à la Hollande.

Il existe à Neustadt, près de Berlin, un haras royal remarquable et de sang noble. — Le cheval prussien a la tête et les oreilles régulières, les yeux ardents, l'encolure bien proportionnée, le tronc droit, la croupe bien arrondie, la queue haute, les épaules légères, les jambes élevées, le bourrelet bien fait, les pieds sains et forts. Il n'a point atteint sa perfection avant l'âge de six ou sept ans, et si l'on ne s'en sert pas avant cet âge, il est de longue durée. Parmi les chevaux prussiens il en est beaucoup qui ont la tête de bélier, les yeux très petits et le dos faible.

Comme il y a des espèces de chevaux très variées dans les diverses provinces de la Prusse, il est difficile de décrire le caractère distinctif de chacun. Le séjour assez court que nous avons fait dans ce pays ne nous a pas permis de faire un examen minutieux. A *Drakenau*, en Podolie, où il existe un haras appartenant au roi de Prusse, on se sert d'étalons arabes, tartares, persans et turcs, pareils à ceux qui se trouvent au haras impérial autrichien de Kladrub, dont nous avons parlé plus haut.

La Lithuanie possède aussi une excellente race, remarquable par une belle tête, une encolure gracieuse, le dos droit, la croupe bien arrondie, l'attache de la queue élevée. Ces chevaux ont, pour la plupart, les jambes longues et les genoux de devant courbés. Jusqu'en 1818, aucune autre race particulière n'existait dans les autres provinces prussiennes, mais depuis cette époque, le gouvernement prussien a provoqué et encouragé par tous moyens la propagation de l'élève du cheval dans toutes les parties du royaume.

Parmi les chevaux de la Saxe, il faut citer comme remarquables ceux de la Thuringe qui ont le corps épais, allongé, régulier d'ailleurs, les os forts, la tête de bélier, le cou bien dressé, le poitrail large, le tronc élevé. — Le cheval de Lauzitz est petit, a la tête généralement longue, l'encolure resserrée, la croupe déprimée, les jambes fortes et les sabots étroits : en un mot, sa conformation n'est pas belle. Il est d'une nature ardente, et son allure est agréable. Hors les chevaux de trait, la Saxe possède, du reste, peu de chevaux, surtout depuis que son territoire est sillonné par les chemins de fer. —Nous en dirons autant du Hanovre, où l'on élève une race de chevaux au corps massif, mais vigoureuse et dure à la fatigue.

Le gouvernement de Wurtemberg, comme ceux de Bade et de Hesse, encourage depuis plusieurs années par la création de primes d'encouragement de production et d'autres excellentes institutions. Il s'impose de grands sacrifices d'argent pour l'ennoblissement et la propagation de l'espéce chevaline. Nous citerons, parmi les plus beaux haras de ces pays, ceux du roi de Wurtemberg, situés à Well-Klein-Hohenheim et Scharenhausen, dans les environs de Stuttgard, contrées réputées les plus belles du monde pour cette branche d'économie rurale. Dans ces établissements, dont la renommée est étendue, nous devons dire que l'éducation chevaline est traitée, non-seulement avec le zèle et le tact nécessaires, mais encore avec habileté et talent : c'était là qu'on trouvait, il y a quelques

années, le sang arabe le plus pur sans contredit.
Les plus nobles étalons arabes de ce haras,
parmi lesquels *Bairaktar*, en 1828, eut la plus
grande réputation, sont croisés avec des juments
arabes de la même race, et aussi de pur sang.
On a cependant introduit, depuis plusieurs années, certaines innovations. Ainsi, on propage
séparément la race pure arabe, la race persane
avec l'arabe, et la race de demi-sang qui provient de ce dernier croisement. Les chevaux de
ce remarquable haras ont un port et une conformation magnifiques, les os et les nerfs bien
accusés, les formes les plus avantageuses; en un
mot ils excellent par la noblesse de leur nature,
et il est impossible de rien désirer de plus parfait que ces établissements dont nous venons de
parler.

Le cheval commun de Pologne, quelque al-
téré qu'il soit, est plus dur que le cheval allemand. Il craint généralement l'homme, n'est
pas très courageux et se distingue des autres races par quelques mauvaises qualités. Parmi les
plus nobles chevaux de ce pays, on en trouve
d'excellents dont le corps est fort, mais le tempérament faible. Les chevaux de haute taille

communs de Pologne sont très recherchés pour le service de la poste.

Il y a en Pologne des haras renommés. Ce sont ceux des comtes Starzinsky à Bork, Bavarovsky à Smolanka, Leviczky à Horoczkow, Koritovsky et Driedusky à Jarezovcze. Ce dernier haras a été augmenté, il y a quelques années, de cinq étalons d'une taille de seize poings et de trois juments, les uns et les autres de pur sang arabe. Nous devons encore mentionner les haras du prince Lubomirzky et du comte Dzierkovsky, dans le cercle de Brzazanvi; ceux des comtes Szclowsky dans le cercle de Stanislo, Dzvonkovszky dans le cercle de Zombor, et enfin celui du comte Licovszky dans le cercle de Czerkow. Ces haras sont remarquables en général par leurs beaux produits; ils ont pour étalons des chevaux arabes, turcs et anglais. Outre ceux que nous venons d'énumérer, il en existe encore en Podolie, en Lithuanie et dans l'Ukraine.

Le cheval commun polonais est petit, assez laid, mais léger, prompt, ardent, courageux. Sa tête est belle; il a les yeux enfoncés, en général le cou de cerf, la poitrine étroite, le tronc long, mais large, la queue attachée haut, les jambes ordinairament fines, la partie inférieure des jarrets allongée, mais forte ; les sabots solides. C'est un cheval qui possède beaucoup de fond et de durée, aussi est-il fort recherché pour la cavalerie de réserve.

Le cheval de Podolie est petit ; son poil est très fin pendant l'été, mais long et épais en hiver, comme les chevaux de Norwége ; il est appelé *Bachmatten*. Sa conformation n'est pas belle, mais il est infatigable et se contente de la plus mauvaise nourriture.

On rencontre dans les immenses plaines de la Bessarabie de grandes troupes de chevaux, et on élève de bonnes races qui ne se distinguent pas par une conformation particulière et sont également aptes à tous les services. Ces chevaux sont très robustes, ont beaucoup de fond et de durée, et sont issus de sang russe et turc. Comme ils sont très convenables pour le service de la cavalerie, on s'en sert dans les armées russe, autrichienne et bavaroise, et ils sont fort recherchés du commerce.

La Russie d'Europe possède beaucoup de haras dans lesquels on propage des races qui sont non-seulement bonnes, mais dont les qualités sont supérieures. La sollicitude des éleveurs s'étend même jusqu'aux chevaux de labour. Les chevaux russes se divisent en plusieurs espèces, en raison de la diversité du climat, du traitement et du croisement. Le cheval russe commun, qui vient de la Grande-Russie, est de taille moyenne, mais d'une vilaine conformation ; fort, infatigable, il a beaucoup de fond. La tête est grande, le front large et plat, l'encolure raccourcie, le dos solide, les jambes épaisses et fortes, couvertes de longs poils, le bourrelet ayant la forme d'une poulie, la crinière épaisse et longue ; il est généralement doux, obéissant, docile, très propre pour le trait ; aussi sert-il à l'artillerie, surtout chez les Russes. Dans les haras impériaux et ceux des propriétaires boyards, cette race indigène est croisée avec des chevaux de sang étranger.

Les chevaux de la Russie méridionale qui possède des pâturages abondants, mais souvent marécageux, sont plus faibles et de plus petite taille. Cependant on trouve de grands et excellents chevaux d'attelage dans les haras des riches seigneurs. Il existe entre le Dniéper et le Boug une race particulière qui était regardée, il y a vingt ans, comme la meilleure de la Russie et qu'on appelait *zaporogi* : nous en parlerons un peu plus bas.

Près du Volga, dans la province de Viatka, il y a d'excellents chevaux de selle qui se font remarquer par leur conformation très régulière et leur allure agréable. Les principaux sont : 1° le cheval d'Estland et de Liefland qui est appelé *doppelklapper*, de taille moyenne. Il a le front aplati, l'encolure un peu épaisse, la poitrine forte et large, la croupe bien arrondie, les os minces, les sabots excellents; il est doux et obéissant, propre à tous les usages, mais peu dur, il est vrai, aux fatigues. Dans l'île d'OEsel, on élève des chevaux plus petits, il est vrai, mais en tout le reste semblables aux précédents. 2° Les chevaux *meszenszky* et *onesky* qui se trouvent dans la province d'Archangel. Les premiers sont petits, massifs, ont l'encolure large, la croupe assez ronde, les jambes fines, mais vigoureuses. Les seconds sont d'une taille plus élevée et originaires, dit-on, d'un village nommé *Onega*, situé près de la mer Blanche, d'où serait tirée leur dénomination; ils ont aussi l'encolure épaisse, les jambes fortes et sont infatigables. 3° La race *katarinova*, qu'on trouve entre les fleuves Dniéper et le Boug et qu'on dit la meilleure de toute la Russie pour le service de la cavalerie légère. Ces chevaux ne sont pas grands, mais ils ont une fort belle tête qui accuse leur origine orientale, les oreilles bien placées; ils tiennent naturellement la tête haute; la poitrine est bien proportionnée au corps, le dos droit, les os minces et bien formés, les sabots sains et durs. Le sol de la contrée où ces chevaux sont élevés en grand nombre est sec, montueux et dur, et a beaucoup de sources d'eaux vives; aussi y obtient-on les meilleures qualités de nourriture et les chevaux s'y conservent-ils sains et durables. 4° Le cheval de l'Ukraine et de la Crimée. Le premier est plus beau; son corps est assez svelte, sa taille moyenne, sa conformation régulière, et il se distingue parmi les chevaux de la Russie par la longueur de son cou. Il a la tête maigre, les yeux ardents, les jambes droites et minces, les sabots solides; la finesse de son poil atteste sa noble origine. Lorsqu'il est en marche, il élève la queue; il est très agile, adroit, infatigable, docile, mais ne s'apprivoisant pas facilement; il se souvient de chacun des cavaliers qui l'ont monté. On trouve parmi eux des chevaux communs et défectueux que des marchands achètent à vil prix et revendent très cher en Allemagne. Ils sont excellents pour la cavalerie légère et de réserve et l'on s'en sert aussi pour la cavalerie de ligne ; une grande partie de la première est remontée en Ukraine et en Crimée. Ce sont, en un mot, les plus beaux et les meilleurs chevaux de la Russie.

Le cheval turc, qui tire son origine du sang arabe, persan et tartare, ressemble à ce dernier sous beaucoup de rapports. Léger, musculeux, ardent, il supporte facilement toutes les fatigues et vit longtemps : « on dit de lui qu'il meurt avant de vieillir parce que dans sa vieillesse on ne lui voit aucune défectuosité. » Nous avons eu occasion, en Hongrie, de monter un cheval de cette race, appartenant au général comte Teleki ; quoique âgé de trente-trois ans, il avait la légèreté d'allure, la sûreté de pas et l'ardeur d'un jeune cheval ; il fallait le contenir. Cependant, ce cheval avait supporté bien des fatigues, car il avait fait les dernières campagnes de l'Empire, monté par le général Teleki, et n'avait pas cessé son service depuis dans le régiment de hussards du palatin dont son maître était le colonel. Il y a dans la Roumélie d'excellents chevaux turcs qui sont légers de corps, rapides, durs et ont beaucoup de fond.

Le cheval moldave est de taille moyenne, a la tête petite et belle, les yeux ardents; il est souvent capricieux et entêté, tient le cou dressé gracieusement; sa poitrine est large, le corps souvent plus long qu'il ne devrait l'être proportionnellement, le tronc droit, la croupe large, la queue attachée haut, les jambes régulières, mais quelquefois aussi courbes, le bourrelet assez dégagé, les sabots très beaux et forts. Ce cheval se meut avec adresse et promptitude, a le tempérament bon et le naturel calme; cependant il faut avec lui se tenir sur ses gardes de crainte qu'il ne devienne vicieux. Il ne peut souffrir les écuries à température chaude et remplies de vapeur, il y devient facilement aveugle. Ses yeux difformes, charnus, sont exposés aux maladies comme chez tous les chevaux sauvages et demi-sauvages. Les chevaux communs de cette race ont une vilaine tête, le cou de cerf, le dos courbe et se tiennent comme les vaches; leurs sabots sont longs et de nature molle; cependant on peut encore trouver parmi eux de beaux étalons.

Le cheval valaque, bien qu'il soit plus petit que celui de Moldavie, est plus beau et a la tête plus petite, plus sèche; ses oreilles sont pointues, son encolure assez belle, sa poitrine forte, le tronc droit, l'attache de la queue élevée, les jambes fines et vigoureuses, quelquefois aussi courbes; il a les mouvements légers, agiles et prompts, mais il est ordinairement timide et obstiné.

Les chevaux de la Servie, de la Bosnie, de la Bulgarie et des autres provinces de la Turquie d'Europe sont issus de sang oriental. Ardents, rapides, musculeux, ils ont les sabots très solides, le pas sûr, et quoiqu'on ne prenne pas d'eux de grands soins, ils sont pourtant durs aux fatigues. Ils sont, à cause de leur petite taille, propres à être montés; il y en a du reste assez peu. L'indifférence que ces peuples portent à l'élève du cheval fait qu'on y produit pas d'espèces remarquables.

———

LES CHEVAUX DE L'ASIE.

LES CHEVAUX DE L'ASIE.

La plus belle race asiatique et la plus belle du
monde, pour la pureté de son origine, est la race
arabe. Après elle les plus remarquables sont les
races persane, circassienne, tartare et turque.
La race arabe peut avec raison être regardée
comme étant du plus pur sang à cause de la su-
périorité de son type. Il y a, chez ces chevaux,
parfaite symétrie tant dans toutes les parties que
dans l'ensemble du corps et ils sont essentiellement chevaux de selle.

Le cheval arabe est de taille moyenne, délié
et généralement agile parce que la plupart ont
le corps plus haut que long. Sa tête est d'une rare
beauté. Son front est uni, ses oreilles un peu
longues, mais bien formées. Ses yeux, qui sont
le principal caractère de son origine, sont grands
et limpides : quand il se trouve excité, il devient
furieux ; il a l'ouïe et le toucher extrêmement
délicats : les naseaux sont le plus souvent droits,
ouverts, l'encolure souple, le tronc ferme et la
queue, dont les crins sont très fins, attachée haut ;
des nerfs secs, forts et très accusés sillonnent
les jambes de ce cheval dont les sabots, de cou-

leur brune, sont hauts et durs ; il a les os minces, mais durs et plus forts que chez les chevaux
d'un climat moins chaud.

Le cheval arabe est surtout apte au service
de la guerre. Il flaire la bataille , il se dresse
et il est joyeux au son de la trompette : il est
gai s'il est victorieux , abattu s'il a été vaincu.
On peut sans contredit juger du gain ou de la
perte d'une bataille à la joie ou à l'accablement
que ce cheval fait paraître , et l'Écriture sainte
l'a dit avant nous. Le cheval arabe est bien
celui dont Mahomet expliquait ainsi l'origine.
— Quand Dieu voulut créer le cheval, il ap-
pela le vent du midi et lui dit : « Je veux tirer
de ton sein un nouvel être ; condense-toi en te
dépouillant de ta fluidité. » Et il fut obéi. Alors
il prit une poignée de cet élément devenu
maniable, souffla dessus, et le cheval naquit.
« Tu seras pour l'homme , lui dit le Seigneur,
une source de bonheur et de richesses, et il s'il-
lustrera en te montant. »

Cette magnifique race de chevaux se distingue
par ses mouvements souples et faciles. Ils sont
infatigables et leur rapidité égalerait presque le
vol des oiseaux : ils peuvent tenir la campagne

plusieurs jours sans nourriture ; aussi sont-ils les chevaux les plus convenables pour la chasse et la guerre. Mehemet-Ali, vice-roi d'Égypte, envoya, comme on sait, en 1842, au roi Louis-Philippe huit chevaux arabes du plus pur sang. Parmi eux se trouvait le superbe cheval de bataille de son fils Ibrahim-Pacha, qui le montait à la bataille de Nezib. Ce cheval célèbre fournit un jour une course de huit heures à fond de train : il avait été acheté par le pacha d'Égypte d'un Arabe en échange de douze cents chameaux.

L'Arabe traite son cheval comme ses propres enfants, avec beaucoup de douceur et de patience, et il lui accorde le droit d'habiter dans la maison, au milieu de la famille. Il s'étudie sans cesse à lui faire acquérir toute l'aptitude possible pour la course et a soin de se faire délivrer par le secrétaire de l'émir de la province, qui est le témoin juré en toutes occasions, un témoignage écrit, attestant l'origine de son cheval, sa race et ses qualités supérieures ; plusieurs autres témoins assistent encore solennellement au dressement de l'arbre généalogique du noble animal. L'Arabe est donc, dans le monde entier, celui qui a le plus d'affection et de sollicitude pour le cheval : il le monte tout le jour et pendant cet espace de temps ne le fait boire que deux fois ; pendant la nuit il lui donne une fois à manger et a toujours soin de lui couvrir le corps d'une étoffe appelée « telemeh. »

Ce n'est qu'en Arabie qu'on élève une race originaire de chevaux qu'il suffit de voir marcher une fois pour s'apercevoir de la différence qui existe entre une faculté naturelle et une préparation artificielle acquise ailleurs. Ces chevaux sautent avec l'agilité du tigre ; les uns se dressent très tranquillement sur leurs pieds de derrière et cela sans aucun effort ni gêne, les autres font admirer un saut de lion, exécuté au moment où l'on ne s'y attend pas ; d'autres enfin leur allure gracieuse et douce. Il serait bien à désirer qu'on importât en Europe, et surtout en France, plus de chevaux de cette race, malgré les nombreuses difficulté qu'il y a, il est vrai, pour le faire : on peut d'autant moins se procurer, même à grands frais, des juments arabes qu'on ne s'en sert chez les Arabes que pour la monture, à cause de leur rapidité et de la souplesse de leur allure. Nous ne nous étendrons pas davantage sur les belles qualités de ces chevaux, nous pourrions d'ailleurs renvoyer nos lecteurs au Mémorial des courses de New-Market qui contient de nombreux et intéressants détails sur cette race.

L'inspecteur-général des chevaux d'Abubecre-Ben-al-Bed-al-Beithar-al-Nasseri-Malek, septième sultan régnant des Mamelouks, en 1279, compte, dans son ouvrage appelé communément « Al-Nasseri, » sur les maladies des chevaux et l'hippiatrique, dix espèces de chevaux arabes dont les plus remarquables sont : celle de *Hedjaz* qui est la plus noble, celle de *Neged* qui est la plus sûre et celle de l'*Yemen* qui a le plus de durée.

On trouve en Arabie trois races très renommées : *Djelfy*, *Koklani* et *Koheil*. Cette dernière race, dont on connaît l'origine depuis deux mille ans, se trouve aux environs de Nazareth, Jaffa, Stammach, Jérusalem et Ghaza : elle date encore du roi Salomon. Elle n'est pas d'une beauté extraordinaire, mais vive, agile, prudente; aussi est-elle fort estimée des Arabes. Ce sont principalement les Bédouins qui la propagent à Bassora, Merdin et dans la Syrie où l'on ne peut se servir de meilleurs chevaux. Tous les chevaux issus de *Koheil* se divisent encore en plusieurs classes. Aux environs de Mossoul on trouve la race issue des étalons *Dsjulfa*, *Manaki*, *Dchalemil*, *Sekluvi*, *Saade*, *Hamdani*, *Tredsge*; aux environs d'Alep celle issue de *Torcifi*; près de Hama les chevaux qui descendent de *Challani*, près de Oerfa ceux qui sont nés de *Daadshani*. On trouve encore la race Koheil près de Damas, dans l'Arabie occidentale et dans l'Hedjaz. Lorsqu'un de ces chevaux est vendu, l'usage est de remettre à l'acheteur son arbre généalogique, bien et dûment légalisé par l'émir de la province qui a donné le jour à l'animal.

La race de *Neged* ou *Nedsyed* est propagée dans le Nedjed qui comprend la plus grande partie de l'Arabie : elle mérite aussi d'être placée au premier rang.

La race demi-sang de *Manavik* descend d'étalons pur sang et de juments communes. La race commune de *Saklaouvik* se décompose en plusieurs classes telles que *Sakers*, *Turkmanichs* et *Robeihans* qui ne sont point aussi estimées que la première. Il y a encore une espèce appelée *Kadis* dont l'origine est inconnue, qui n'est point de grande valeur et qu'on n'emploie qu'à porter des fardeaux dans les caravanes. Cette race a de la parenté avec les chevaux persan, nubien, circassien , géorgien , mingrélien , égyptien , maure et turc qui sont connus sur le littoral de l'Afrique septentrionale sous le nom de « berb. »

Parmi les chevaux arabes de pur sang, on en rencontre qui courent avec plus de vitesse que l'autruche et le chameau : on s'en sert, dans leur patrie surtout, pour la chasse ; en temps de disette, on les nourrit de lait de chamelle.

Le cheval persan, qui a autrefois été supérieur à l'arabe, occupe maintenant le premier rang après celui-ci. Alexandre-le-Grand regardait un cheval persan, comme le plus grand trésor qu'il pût donner à ses plus chers amis. Les rois des Parthes, quand ils offraient des sacrifices à leurs dieux, immolaient des chevaux persans, comme étant les animaux les plus dignes. Le cheval persan a la tête droite et maigre, l'encolure mince, le poitrail étroit, la queue attachée haut et avec grâce, la taille petite, les sabots hauts et durs. Dans les déserts de la Perse et aux environs de Hillah, on en rencontre qui sont de très petite taille, mais assez forts et musculeux.

Parmi les chevaux persans, il en est beaucoup

de blancs, d'où plus d'un érudit a conclu que tous les chevaux blancs sont originaires de la Perse. Les meilleurs chevaux de cette race sont produits dans les plaines d'Ispahan et de la Médie, où il existe un haras de quatre mille chevaux. L'usage du fourrage est inconnu en Perse, parce qu'on ne donne généralement aux chevaux que de la paille de maïs hachée avec de l'orge. En été comme en hiver ces chevaux sont toujours tenus à couvert.

Aux environs de Schirvan et de Mazenderan, et près de la mer Caspienne, on en trouve de plus haute taille qu'on regarde, avec ceux du Khorassan, de l'Adjerbidjan et du Farsistan, comme les plus remarquables, sous ce rapport, avec ceux du Kurdistan, comme les plus beaux et les plus vigoureux. Mais on en élève aussi d'excellents à Persépolis, Aldebil, Derban et en Médie.

Le cheval tserkesse ou circassien, quoique issu de sang arabe et perse, est cependant plus beau souvent que les chevaux de ces deux races. Ce cheval n'est presque uniquement qu'un article d'industrie et de commerce. Presque toutes les familles ayant leur espèce chevaline particuliére, ont soin, peu de temps après la naissance d'un cheval, de le marquer sur l'une des jambes de derrière. On observe tellement cette règle, que ce peuple condamne quelquefois à la peine capitale ceux qui ont osé imprimer sur un cheval d'origine commune le signe qui appartient aux seuls chevaux nobles. La race circassienne, la plus remarquable, se trouve dans le haras du sultan; toutefois, il est vrai de dire que sa beauté n'égale pas sa vitesse et sa vigueur. Ce cheval est, en général, d'une taille élevée, a le corps allongé, l'encolure gracieuse et souple, les jambes plus fortes que celles des chevaux persans, les sabots solides et élevés, très sains; il est dur aux fatigues et vit longtemps.

On trouve, dans les montagnes du Caucase, beaucoup de chevaux nés des races persane et circassienne. L'auteur Beningsen, dans son ouvrage sur les races asiatiques, en compte huit différentes, qui valent plus ou moins les unes que les autres, mais qui toutes sont, du reste, excellentes.

Le cheval cosaque du Don est petit, a la face large, l'encolure de forme ordinaire, la poitrine bien proportionnée, le corps allongé, le tronc particulièrement beau, l'attache de la queue haute. Ses jambes sont fortes, et bien que, lorsqu'il marche, il n'élève pas beaucoup les pieds, il est excellent coureur. La richesse des Cosaques consiste dans la grande quantité de chevaux qu'ils possèdent : ils en font un grand commerce, et vendent souvent des chevaux kalmouks comme chevaux cosaques du Don. Presque tous les Cosaques ont chacun leur haras; ceux des riches, sont naturellement plus considérables. Entre autres faits, qui prouvent l'importance des établissements de ces derniers, on cite un riche Cosaque qui laissa à sa mort vingt mille chevaux.

Le cheval kalmouk n'est pas de haute taille : il a le front de forme ronde, les oreilles petites, le cou fauve, la poitrine étroite, la croupe maigre, le dos faible et de vilaine forme; il tient cependant la queue haute : ses jambes sont fines et belles, ses paturons peu développés et couverts de poils très fins. Il est timide, sauvage, souvent capricieux, mais il a les mouvements souples et aisés; il devient très bon à l'âge de cinq ans, s'il n'est pas déjà ruiné par un travail prématuré. Parmi ces chevaux, on en rencontre très rarement de noirs. On leur apprend, dès leur première jeunesse, à supporter la faim et la soif, ils deviennent, de cette façon, capables de marcher pendant toute une journée sans prendre de nourriture. D'une grande vigueur et musculeux, ils font des parcours de vingt à trente lieues en un jour, et ils ont une faculté particulière, celle de parfaitement nager. Ainsi, ils traversent facilement le fleuve Volga, large de deux milles anglais. Ils sont assez souvent obstinés et rétifs, mais on peut les rendre dociles par de bons procédés.

Les Kalmouks pratiquent à l'égard de leurs chevaux des cérémonies religieuses particulières. Souvent ils vouent un de ces animaux à leur divinité pour qu'elle en bénisse la race; il n'est pas sacrifié, mais il est gardé pendant toute sa vie dans un haras et ne peut être vendu à aucun prix. S'il vient à mourir, il est dépécé et partagé entre les amis de son propriétaire, qui mangent alors sa chair avec le plus grand appétit. Dans beaucoup de haras il y a des chevaux voués à saint Nicolas, que les Kalmouks honorent d'un culte tout particulier.

Les Kirgises se plaisent aussi à élever en assez grand nombre des chevaux dont la race est cependant laide et de petite taille. Ces chevaux ont la tête de la brebis, le cou de cerf, la conformation du porc, le poitrail étroit ; mais leurs jambes sont bien formées, leurs sabots hauts, durs et sains ; ils sont, en outre, d'une grande souplesse de mouvements, malgré la défectuosité de leur corps, robustes et servent principalement à remonter une partie de la cavalerie légère russe.

Nous ferons remarquer que les différentes races que nous venons d'énumérer sont très propres au service de la guerre, parce que dans leur jeunesse elles sont élevées durement, à l'exception toutefois des races arabe, persane et circassienne. Lorsque ces races sont transportées dans des climats plus tempérés, elles sont sujettes à plusieurs maladies et meurent facilement.

Le cheval tartare est de petite taille, agile dans ses mouvements, robuste, musculeux, prudent et sûr, souffre aisément la faim et se contente de très peu de nourriture. Il a la tête petite, le cou souple et peu allongé, les jambes longues et fortes, la queue attachée bas, les sabots hauts, étroits, la poitrine mince : il est généralement maigre. Les Tartares distinguent les races par des signes particuliers et fendent les oreilles et les naseaux de leurs chevaux. Ils sont persuadés que leurs chevaux, ayant les naseaux fendus, respirent ainsi plus facilement et peuvent, partant, mieux nager. Ils les dressent à ce dernier usage jusqu'à ce qu'ils puissent traverser, montés sur eux, des fleuves rapides, et à plusieurs reprises. On trouve dans la petite Tartarie des chevaux si remarquables qu'ils peuvent rivaliser avec la race arabe ; mais il est fort difficile de s'en procurer, ne fût-ce même qu'un seul cheval.

Les chevaux de Curates sont petits, mais ont de belles formes ; ils sont très vigoureux, ont le pied sûr et gravissent très facilement les plus hautes montagnes : ils sont très sobres et supportent sans peine la soif.

Les Turkomans élèvent beaucoup de bons chevaux qui, toutefois, ne peuvent vivre dans un climat étranger. Le Turkestan, depuis les temps les plus reculés, produit d'excellents chevaux, qui sont souvent supérieurs aux persans. Ils sont hauts de quinze à seize poings, rapides et infatigables, et, bien qu'ils aient le corps mince, le cou difforme, la tête longue, les plus nobles d'entre eux se vendent cependant encore de deux à trois cents livres sterling, surtout à cause de leur vigueur extraordinaire; ils descendent de sang arabe. Lorsque l'habitant du Turkestan a un long voyage à faire, il emporte quelques boulettes d'orge amollies avec lesquelles il se nourrit lui et son cheval; si le cavalier se trouve faible et abattu, il ouvre alors une veine à son coursier et se réconforte en buvant le sang qui en découle : il croit fermement que cela est en même temps salutaire à l'animal. L'auteur anglais Malcolm avance qu'un bon cavalier, avec un cheval de cette race, fait le trajet de Schiras à Téhéran (distance de cinq cents milles anglais) en six jours, et qu'un turkoman peut parcourir en un jour une distance de cent milles anglais.

Le cheval du Tangoustan est appelé dans sa patrie « tanguni. » Il est petit, à peine haut de treize poings, mais fort, massif et a les jambes

musculeuses ; aussi gravit-il les montagnes et les
rochers les plus escarpés avec une grande faci-
lité et est-il très propre à transporter des fardeaux. Mais s'il est mal traité, il devient mé-
chant, opiniâtre, et on ne peut plus venir à bout
de le corriger. Les habitants de ces contrées
étaient autrefois si cruels envers leurs chevaux
qu'ils leur coupaient entièrement la queue et les
menaient en cet état au marché de Rungpore.
Cependant lorsqu'ils s'aperçurent que les Anglais achetaient plus cher les chevaux qui avaient
toute leur queue, on n'en vit plus de difformes.

Dans les Indes orientales anglaises on trouve
plusieurs races de chevaux. Le cheval *turky* tire
son origine de la race turkomane et persane. Il
est d'une belle conformation, a les mouvements
souples et gracieux ; et, bien qu'il soit docile
pour son cavalier, il est irritable jusqu'à la fureur. La race *qran* se distingue de cette dernière
principalement par l'ampleur de sa croupe ; elle
est moins ardente et a de très longues oreilles.
La race *kosaki* est douce et patiente, a la poitrine creuse, les jambes fortes ; quoique celles-ci
soient courbes et le pâturon défectueux, on s'en

sert avantageusement pour de longs voyages. La race *mojnis* est très ardente, belle, robuste, musculeuse et agile ; au contraire, la race *taxe* est débile, a très souvent le dos courbe : ces chevaux traînent, pour ainsi dire, les jambes après eux ; cependant ils sont assez recherchés.

La compagnie des Indes orientales entretient aux environs de Hinar un haras remarquable et spacieux qui possède toutes les conditions qui assurent le succès. Les chevaux qu'on y élève sont pour la plupart hauts de quatorze à quinze poings, ont le train de devant élevé et les formes assez belles. Depuis quelques années cette race, mêlée au sang arabe, produit d'excellents chevaux de cavalerie fort recherchés des Anglais pour la remonte de la cavalerie auxiliaire indienne.

Il existe encore dans les Indes orientales une très petite race appelée *jattoo*, haute tout au plus de dix à douze poings, et dont on n'a coutume de se servir que pour transporter des marchandises de pacotille. On envoya, en 1765, à Georges III, roi d'Angleterre, un de ces chevaux, âgé de quatre ans et haut seulement de sept poings : il était magnifique, avait les yeux pleins de feu, une queue traînante et de très petites oreilles. On le transporta au palais du roi, du navire qui l'avait amené, dans une voiture.

Le cheval de l'Hindoustan se trouve surtout dans les provinces de Lahore, Multan et Laky-Qungly où le terrain sablonneux domine, mais où l'eau existe pourtant en suffisante quantité. Le sol de ces contrées est friable et n'est guère praticable que pour les chevaux; c'est pourquoi on en élève un grand nombre, mais inférieurs en qualité aux chevaux persans. Il y en a surtout beaucoup chez les tribus marattes et sykes qui fournissent souvent en temps de guerre jusqu'à deux cent mille cavaliers montés. Les guerriers montent très mal, portent les genoux élevés et se tiennent en selle avec le secours des mains; ils ont coutume d'orner l'arrière de la selle de différentes pièces de monnaie. On trouve encore une bonne race de chevaux dans la province de Cachemire.

Le cheval du Bengale est petit et d'origine commune; il est assez mal conformé. Dans ce pays on nourrit les chevaux qu'on veut vendre de boulettes préparées avec de la cervelle de mouton et différentes herbes.

Quant à la race des chevaux de la Nouvelle-Galles du Sud, l'auteur Atkinson écrivait, en 1824, qu'elle s'y propage sans qu'on en prenne aucune espèce de soins. Ils sont laids et timides, ont la poitrine étroite, le dos courbe, les jambes mauvaises et le pas mal assuré. Ils sont le plus souvent abandonnés à la belle étoile, pour qu'ils deviennent plus robustes et plus durs. Mais depuis qu'on a augmenté dans la colonie le nombre des moutons et autres bestiaux, on s'y applique davantage à améliorer l'élève du cheval. C'est surtout depuis qu'on est parvenu par l'importation d'Angleterre du bel étalon *báy Cameron*, à produire des individus plus beaux quoiqu'encore avec la tête grande, que le prix d'un de ces chevaux s'est élevé dans ces derniers temps de quarante à quarante-cinq livres sterling. Du reste, ils sont vigoureux et très bons pour le voyage. Breton parcourut avec l'un d'eux, en trois jours, une distance de deux cent quarante milles anglais; cette race serait plus forte encore si on ne l'employait pas si jeune au travail.

Le cheval de la Terre de Van Diémen est petit, fort et a plus de valeur que le précédent parce qu'il est plus rare. Quoiqu'ils soient estimés des indigènes, ils sont cependant traités fort mal par eux.

Le cheval birman est également petit, ardent, robuste, a beaucoup de fond et d'agilité, des formes nerveuses; sa taille est seulement de douze poings : on peut voir des individus de cette race dans la ménagerie royale de Londres.

Les chevaux chinois, japonais et indiens ne méritent pas d'être remarqués. Les premiers sont petits et ont de gros os. — Dans le royaume de Siam ils sont en moins grand nombre que chez les Birmans. — Ceux de la Cochinchine sont plus beaux, plus agiles et plus vigoureux que ceux de Siam. — Les races de Sumatra et de Java ne sont pas grandes, mais sont d'un usage plus avantageux que les chevaux des contrées méridionales et occidentales de l'Asie. — Il y a fort peu de chevaux dans l'île de Bornéo et ils ne méritent pas qu'on en fasse mention. — Le cheval chinois est de petite taille, manquant d'ardeur, mal bâti, de formes débiles et paraît être négligé parce que dans cet immense empire on s'en sert peu.

Le cheval arménien a la tête droite, le corps allongé, les jambes fortes, les sabots durs, le cou long, les mouvements souples et commodes; enfin il est très vigoureux. On rencontre surtout cette race aux environs de la mer Caspienne.

L'Anatolie possède une race de chevaux plus grands que ceux de l'Arménie; ils sont remarquables par leur tête délicate et maigre, leurs formes gracieuses, leurs os minces et forts, leur pelage soyeux, leur grande ardeur, leur vigueur et leur bon naturel. Beaucoup de chevaux des deux dernières races dont nous venons de parler, transportés dans la Turquie d'Europe, sont vendus comme étant d'origine turque.

Avant de terminer ce qui est relatif aux chevaux de l'Asie, nous ajouterons quelques lignes sur les chevaux sauvages des contrées du centre de l'Asie, qu'on n'a jamais explorées.

Beaucoup de savants soutiennent que ces races qu'on voit errer en troupes innombrables, sont issues d'une souche domestique, se fondant sur ce qu'elles ne diffèrent pas essentiellement des races privées. Il est permis de révoquer en doute cette assertion qui ne repose sur aucun argument sérieux. On ne peut, comme pour les chevaux de l'Amérique méridionale, originaires de ceux qu'ont importés les Espagnols, soutenir qu'il n'y ait pas de chevaux réellement sauvages. Un auteur très compétent et dont les opinions ont un grand poids, le colonel anglais Hamilton Smith, s'exprime ainsi sur cette question :

« Nonobstant toutes les assertions des naturalistes, il est certain que les Tartares et les Cosaques distinguent par beaucoup d'indices les chevaux véritablement sauvages, de la race *férale*, c'est-à-dire devenue sauvage après avoir été domestique. Ils donnent à la première les noms de Tarpan ou Tarpani et à la seconde les noms de Takja et de Muzin.

« J'ai eu l'occasion, continue-t-il, de questionner à ce sujet un grand nombre de Cosaques, des Baskirs, des Kirgises, des Kalmoucks, et j'avais suffisamment présentes à la mémoire des données de Pallas et les notes fournies à Buffon par M. Sanchez, pour diriger mon enquête sur les points en litige. La conclusion à tirer de toutes ces réponses que j'ai reçues des officiers de la cavalerie russe irrégulière qui parlaient le français ou l'allemand, c'est qu'il existe réellement des chevaux sauvages et tout-à-fait indomptables. Je suis redevable des faits qu'on va lire aux hommes les plus habitués à la vie nomade, et particulièrement à un cosaque régulier, attaché comme interprète russe à un chef tartare.

Les tarpani errent en troupeaux de plusieurs centaines de chevaux qui se subdivisent en plus petits groupes guidés chacun par un étalon. On ne les trouve purs de tout croisement avec les races domestiques que sur les frontières de la Chine. Ils affectionnent les hautes steppes découvertes où ils s'avancent d'ordinaire en longues files, la tête opposée au vent. Les vieux étalons ouvrent la marche et font quelquefois le tour de la troupe. Les jeunes étalons se tiennent à l'écart, chassés par les vieux. Les tarpani ne restent jamais longtemps sans relever la tête ; ils poussent des hennissements sourds, prolongés, semblables à ceux de certains chevaux domestiques à qui l'on fait attendre leur avoine, mais ces hennissements suffisent néanmoins pour les distinguer de toutes les autres espèces, sauf l'espèce kalmoucke, à poil laineux. Ils ont la vue singulièrement perçante. La pointe de la lance d'un Cosaque posté à grande distance, et derrière les buissons, suffit pour faire faire halte à toute la troupe, qui bientôt se rassure et reprend sa marche. Quelquefois un jeune étalon, détaché sur les flancs de la colonne, gonfle ses narines, meut rapidement les oreilles dans toutes les directions et trotte en avant pour reconnaître l'ennemi, la tête haute et la queue déployée; si c'est une fausse alerte, il s'arrête et recommence à brouter l'herbe; au cas contraire, il rejette sa croupe en arrière, fait volte face et, par un hennissement aigu, avertit toute la troupe du danger. Les vieux étalons, couvrant alors la retraite, s'éloignent lentement et regardent si l'ennemi les suit, tandis que les juments et les poulains disparaissent comme par enchantement derrière le premier pli du terrain. On les voit ensuite reparaître à une grande distance, toujours sous le vent par rapport au point d'où l'alarme est partie.

Les tarpani de la plus pure race errent dans

le Kara-Coom, au midi du lac Aral, dans le Syrdaria, près de Kusneeh, sur les bords de la rivière Tom, dans le territoire des Kalkas, dans les déserts mongols et les solitudes du Gobi. Il en existe aussi quelques troupes dans le voisinage des premiers établissements russes, mais ils sont déjà croisés. Les véritables tarpani ne sont pas pas plus grands que des mules, ils en ont les mouvements et les habitudes vicieuses. La couleur de leur robe est toujours le brun, l'isabelle ou le gris de souris : leur tête est petite, le chanfrein moutonné, les oreilles plantées fort en arrière, leurs yeux petits et malicieux ; leurs mâchoires et leurs naseaux hérissés de longs poils ; leur cou mince et surmonté d'une rude et épaisse crinière, noire comme leur queue et leurs pâturons. Leurs sabots sont étroits, hauts et pointus ; leur queue garnie jusqu'à la croupe de crins frisés, ne descend que jusqu'au pli des jambes. »

Ces renseignements étaient de bonne source ; car le Cosaque régulier, dont il est fait mention plus haut, véritable enfant des steppes, avait eu, pendant douze ans de vie nomade sur les frontières de la Chine, plus d'une occasion de voir des troupes de tarpani et d'observer leur caractère et leurs mœurs. Ces renseignements corroborent du reste complètement ceux que nous avons recueillis nous-même, au sujet de ces chevaux, en Hongrie, en Russie et en Turquie. On ne doit pas douter qu'ils sont étrangers à toute souche domestique et conséquemment sauvages dans toute la réalité du mot.

LES CHEVAUX DE L'AFRIQUE.

LES CHEVAUX DE L'AFRIQUE.

Il est difficile, pour ne pas dire impossible, de parvenir à obtenir des renseignements suffisants sur les races de chevaux de l'Afrique, encore moins sur leur mode de propagation et sur l'état de leur production dans ces contrées. Nous avons fait de nombreuses recherches dans tous les documents relatifs à cette partie du monde, et nous n'avons trouvé que peu de chose ; c'est pourquoi notre description sur les races chevalines de l'Afrique sera peu développée. Cependant ce que nous en dirons repose sur des notions exactes et précises.

Les chevaux de la race égyptienne ont la tête maigre, fine et légèrement arquée, le cou étroit et allongé, l'attache de la queue haute, les jambes médiocrement fortes. On trouve dans cette race des chevaux d'une taille de seize poings ; ils sont excellents pour la course : les plus nobles individus sont vendus de trois à quatre mille ducats, et peuvent rivaliser en force musculaire et en vitesse avec les chevaux arabes.

Les chevaux de la Nubie sont noirs pour la plupart et d'une belle conformation. Plusieurs d'entre eux ont une taille de plus de seize poings: ils sont forts et courageux, agiles dans leurs mouvements. Bruce, qui a remonté le Nil jusqu'à sa source, tient les chevaux nubiens pour les plus beaux du monde.

On prétend que la race la plus remarquable de l'Afrique, et particulièrement de la Nubie, descend en droite ligne des cinq chevaux avec lesquels Mahomet s'enfuit, en 622, de La Mecque à Médine. Cette magnifique race a subi plusieurs croisements. Elle se distingue par l'harmonie de ses formes, son agilité, sa docilité, sa taille élevée et sa rare vigueur. La plupart de ces beaux chevaux sont de robe noire ou jaune clair. Aux environs de Dongola, il en est qui comptent jusqu'à dix-huit poings de hauteur: ils nagent fort bien, sont excellents pour les voyages de longue haleine, bien que leur poitrine paraisse être étroite et un peu creuse. Bosman cite les chevaux de Dongola, comme les plus nobles de l'univers et rapporte qu'un individu de cette race fut vendu au Caire, en 1816, mille livres sterling.

Les contrées d'Halfaya et Ghéri, sur les bords du Nil supérieur, produisent des chevaux d'une taille moins élevée, mais d'une beauté non moins remarquable.

Le cheval berbére est de taille moyenne, a beaucoup de vigueur et de courage, mais il n'est pas si rapide que le cheval arabe. Cependant il est docile, agile, ferme et patient : rarement on en rencontre qui aient plus de quinze poings de hauteur. C'est aux environs de Fez et de Marokko qu'on trouve les plus beaux chevaux de cette râce. Dans les contrées montagneuses ils sont plus petits, mais trés propres à tous usages et surtout à la monture ; leur tête est aussi plus petite que celle des chevaux arabes. L'os nasal est chez eux le plus souvent arqué, leur cou long et grêle, la crinière fine, les épaules basses, le corps droit, l'attache de la queue haute, les jambes bien formées et peu fournies de poils. Ils nagent très bien. Broon fait mention d'un homme qui, au cap de Bonne-Espérance, sauva avec un seul

cheval quatorze naufragés. Les habitants de la
Barbarie ont coutume de courir très rapidement
lorsqu'ils montent à cheval, c'est pourquoi leurs
chevaux sont ruinés de bonne heure.

L'Afrique française possède d'assez beaux et
bons chevaux arabes dont la propagation était
peu développée avant notre occupation, et cependant ces contrées, surtout les provinces d'O-
ran et de Constantine, offrent toutes les conditions les plus favorables à l'élève du cheval.
L'administration de la guerre songea bientôt à
tirer partie de ces avantages, d'autant plus qu'il
n'était pas possible d'acclimater complètement
nos chevaux en Afrique, et dut prendre des mesures pour faire, au moins, que la production
chevaline de l'Algérie suffit aux besoins de notre
cavalerie africaine. Aujourd'hui déjà ce but a été
atteint ; la production suffit, et même au delà,
pour la remonte. Il y a trois haras en Algérie,
fondés par l'administration militaire, et situés à
Oran, Mostaganem et Bouffarick. Ce dernier doit
être ou est déjà supprimé, à cause de l'insalu-
brité de la contrée, qui est redoutable par des
fièvres pernicieuses auxquelles bien peu d'é-
trangers peuvent se soustraire. Cette partie de

nos possessions algériennes est du reste assez aride et produit peu. Quant aux établissements d'Oran et de Mostaganem, ils contiennent de bons chevaux et sont visiblement en progrès ; c'est ce dont a pu s'assurer la Commission d'agriculture qui fut envoyée l'année dernière en Afrique. Plusieurs de nos généraux ont aidé de tous leurs efforts à ce bon résultat. Bien que les chevaux indigènes soient assez nombreux dans le pays, les bons chevaux sont encore vendus à des prix élevés.

Les chevaux de la Mauritanie ou de l'Abyssinie sont petits, musculeux et rapides ; ils ont les jambes fines, les formes bien accusées, les sabots hauts et durs : ils sont faciles à apprivoiser, leur mémoire est excellente. Dociles et patients ils supportent facilement la soif et se contentent de peu de nourriture. Leur robe est en général noire et grise ; on les trouve surtout sur le littoral septentrional.

La taille des chevaux maures des environs de Fez et de Marokko dépasse rarement quinze poings. Leur tête est petite, gracieuse, leur crinière peu fournie, leur encolure bien dégagée, le corps allongé, la croupe forte, les jambes sèches, le bourrelet peu saillant, les sabots étroits.

Dans le Sahara intérieur il existe une race de chevaux berbères qu'on appelle « race du désert. » On s'en sert principalement pour prendre à la course l'autruche, les chameaux et les antilopes. On les nourrit d'orge ou de froment et de lait de chamelle : ils se contentent aussi d'avoine ou de paille et peuvent fournir de longs trajets sans manger. Aussitôt que ces chevaux viennent à s'engraisser un peu ils perdent toute leur vitesse.

Des voyageurs anglais ont avancé dans plusieurs relations qu'il existe dans les contrées intérieures de l'Afrique, dans le Bornou, une race de chevaux plus remarquable que la race arabe. On n'a point jusqu'ici de documents dignes de foi qui puissent confirmer cette assertion.

Dans la partie méridionale de l'Afrique, et principalement dans les principautés des Foulahs et des Yolofs, dans la Sénégambie, il y a aussi des chevaux berbères, mais dégénérés à cause de la stérilité de ces contrées ; ils sont petits, débiles, timides et difficiles à dresser. D'après les récits des voyageurs, les peuplades du royaume de Gabon fournissent en temps de guerre seize mille chevaux, celles du royaume de Benin trente-deux mille. D'après Bosman ces chevaux sont difformes et tiennent la tête encore plus basse que les ânes; ils sont tellement petits, que les cavaliers indigènes de taille moyenne lorsqu'ils les montent, touchent la terre du pied. Bosman acheta six de ces chevaux pour vingt-quatre livres sterling, mais il dut bientôt s'en défaire parce qu'il ne pouvait s'en servir.

Le cheval du cap de Bonne-Espérance provient principalement du croisement qu'on a fait de la race indigène avec la race importée de l'Amérique septentrionale. On a obtenu de ce croisement une race petite, il est vrai, mais vigoureuse et supportant bien les privations. Les Anglais ont, plus tard, prudemment commencé à l'ennoblir, et avec un tel succès qu'ils en tirent la plupart de leurs chevaux de cavalerie sédentaire. Cependant, s'il faut ajouter foi aux assertions de Percival, ces chevaux sont opiniâtres, rétifs, surtout lorsqu'on veut obtenir d'eux toute

leur vitesse : ils ont rarement la taille supérieure
à quatorze poings. Du reste, ils sont forts, musculeux et durs, s'ils ont été dressés pour la selle :
leur nourriture consiste principalement en ra-
ves et en froment.

A l'époque de la fondation des colonies supérieures de l'Afrique, on rencontrait çà et là des
chevaux sauvages qui ont depuis déjà disparu ;
il ne reste aucune trace que l'un d'eux ait été
pris et apprivoisé.

Dans la partie orientale de l'Afrique il y a peu
de chevaux ; à Madagascar on n'en élève pas ; il
y en a beaucoup plus sur les côtes d'Ajan et d'A-
del et dans l'Abyssinie. Les Africains ne montent jamais leurs juments que dans les cas d'ex-
trême nécessité : les Arabes, au contraire, s'en
servent la plupart de préférence.

Nous n'insisterons pas davantage sur la production chevaline de l'Afrique ; on a peu de documents exacts sur cette matière, surtout pour
l'Afrique intérieure. On ne peut que s'en tenir
aux détails peu nombreux, mais exacts, que nous
venons de donner : ce sont les seuls ; et ce qu'on

en dirait de plus ne serait qu'hypothèses. Du reste, il est constant que l'espèce chevaline en Afrique dégénère depuis longtemps; c'est aujourd'hui la partie du monde la moins peuplée en chevaux.

CHEVAUX DE L'AMÉRIQUE ET DE L'AUSTRALIE.

CHEFS DE L'ARMÉE ET DE L'HÉTAIRIE.

LES CHEVAUX DE L'AMÉRIQUE

ET DE L'AUSTRALIE.

Le cheval sauvage, qu'on rencontre en troupes dans l'Amérique méridionale et dans les colonies les plus éloignées, provient sans aucun doute de chevaux domestiques qui se sont enfuis des écuries de leurs maîtres dans les premiers temps.

Dans les plaines de Pampas, entre le fleuve de la Plata et la Patagonie, il y a des millions de ces chevaux qui ont à leur tête un chef hardi et fort qu'ils suivent avec soumission et en bon ordre. Leurs plus grands ennemis sont la panthère et le léopard. Si ces animaux viennent à eux pour les attaquer, à un signal donné par un hennissement du chef, ils s'avancent rapidement l'un après l'autre à leur portée, les attaquent avec les pieds de devant ou se défendent avec les pieds de derrière, en ayant soin de placer au milieu de la troupe les juments et les poulains. Dans une telle rencontre c'est le cheval chef qui dirige l'attaque; et si la nécessité l'exige, ils battent aussi prudemment en retraite.

Il est encore à remarquer que lorsqu'une troupe de ces chevaux voit passer un voyageur monté sur un cheval domestique, elle s'approche de ce dernier aussi près que possible, l'appelle à elle par des hennissements répétés, et si le cavalier n'est pas à ce moment là sur ses gardes, il est bientôt désarçonné, son cheval prend la fuite, rejoint la troupe qui l'enveloppe et son propriétaire ne le revoit plus.

Les indigènes des contrées plus sauvages de l'Amérique du Sud traitent fort mal leurs chevaux qui n'ont ni pâturages, ni écuries. On les attache ordinairement à la porte des habitations et on ne leur donne pour toute nourriture qu'un peu de froment du pays. Les juments ne sont jamais montées. Quand les naturels du nom de « Gauchos » ont besoin d'un cheval pour faire un voyage, ils préparent une lanière de cuir d'un demi-pouce d'épaisseur et de trente à quarante pieds de longueur avec laquelle ils s'en vont à l'aventure et s'emparent du premier cheval qu'ils avisent dans une troupe et qui leur convient. Mais s'il leur faut plusieurs chevaux ils s'organisent en détachement sous le commandement d'un « capitar » (l'un des chefs de la tribu),

chassent une troupe de chevaux dans quelques
enclos et là choisissent ceux qui leur paraissent
les meilleurs. On est vraiment étonné de leur
adresse et de leur courage dans cette opération
difficile et on admire l'habileté et la promptitude
avec laquelle ils savent venir à bout de dresser
ces chevaux sauvages. Ce sont bien les Magyars
de l'Amérique.

Les chevaux de cette race, qui est vraisemblablement d'origine espagnole, ne se distinguent
point par leur vitesse, mais ils sont très durs à la
fatigue ; ils parcourent des distances de soixante
et soixante-dix et quelquefois même de cent
milles s'ils sont poussés par l'éperon avec la
cruauté assez habituelle aux indigènes. Quand
ces chevaux sont ruinés, on les relâche au milieu des troupes sauvages. Les Indiens ont coutume, à l'occasion de grands festins, de manger
la chaire des juments et de boire leur sang mêlé
avec de la crême.

Comme sous le climat de feu de ces contrées
souvent les rivières s'évaporent complétement, il
n'est pas rare qu'une troupe tout entière de ces
chevaux devienne hydrophobe à la suite d'une
soif ardente et prolongée. Dans cet état, ils cou-

rent furieux vers quelque lac, se mordent cruelle-
ment entre eux ou se frappent violemment des
pieds. On trouve quelquefois leurs cadavres par
milliers. On en voit aussi d'autres lacérés par-
fois de blessures que les crocodiles leur ont
faites dans les inondations produites par la crue
des grands fleuves. Lorsque leur soif est arrivée
à son paroxisme, une sorte de panique s'empare
d'eux; ils s'élancent alors avec impétuosité et en
grand nombre dans la direction de l'eau, entraî-
nant avec eux tous les autres chevaux, même
privés, qui se trouvent sur leur passage.

« Une heure environ, dit Murray (1), après
le temps où l'on attache ordinairement les chevaux pour la nuit, un bruit indistinct s'éleva,
semblable au murmure d'un tonnerre éloigné;
mais à mesure qu'il approchait, les hurlements
de tous les chiens du camp s'y joignirent, puis
les cris et les clameurs des Indiens; lorsqu'il ne
fut plus qu'à une certaine distance, il domina
tous ses accompagnements, produisant un effet
analogue au fracas de la mer qui déverse sur la
grève. Cependant il avançait toujours, et je ne

______

(1) Travels in North-America.

tardai pas à comprendre, en partie par une sorte
d'instinct, en partie par les mouvements et les
paroles précipitées de mes compagnons, que ce
bruit était produit par la course impétueuse,
échevelée, de milliers de chevaux sauvages en
proie à une aveugle panique. Je m'élançai hors
de ma tente, je saisis ma jument favorite, et in-
dépendamment des liens qui la retenaient déjà,
j'attachai ses jambes de devant avec une longue
courroie ; puis je la conduisis devant notre feu,
espérant que ce torrent de chevaux furieux se
partagerait devant cet obstacle et s'écoulerait de
chaque côté. Mais comme la masse arrivait sur
nous, nos chevaux commencèrent à renifler, à
dresser les oreilles, puis à trembler ; et lorsqu'enfin elle fondit au milieu de notre camp, ils
furent saisis d'une telle fureur, qu'il devint impossible de les maîtriser : tous s'échappèrent et
se joignirent à la bande épouvantée, à l'exception de ma jument qui se débattait avec la fureur d'une lionne ; j'eus besoin de toute ma
force pour la contenir, encore n'y parvins-je
qu'en la jetant sur le flanc. La troupe endiablée
passa comme un ouragan, foulant aux pieds nos
peaux, nos viandes sèches, etc., et renversant
même quelques-unes des tentes les moins so-

lides. Bientôt elle se perdit dans l'obscurité de la nuit et dans l'immensité de la prairie, et l'on n'entendit plus que les aboiements lointains de nos chiens, qui s'acharnaient vainement à sa poursuite. »

On trouve en grand nombre, dans les contrées occidentales de la Louisiane, des troupes de chevaux à la robe variée et d'origine espagnole, auxquelles les Indiens s'occupent incessamment de faire la chasse et que la plupart d'entre eux mangent avec gloutonnerie.

L'Amérique septentrionale possède aussi beaucoup de chevaux, parmi lesquels il en est de bons, de taille moyenne, qui sont forts, musculeux, sobres et durs à la fatigue. Les chevaux du Mexique ont dégénéré parce qu'ils ont été mal traités, mais ceux qui se sont enfuis dans les forêts se sont accrus; on en rencontre déjà jusqu'au fleuve Colombia. La cavalerie est extrêmement nombreuse dans l'armée mexicaine; elle forme presque la moitié de sa force militaire totale. Il y a de la cavalerie composée de quatre mille hommes, cantonnés seulement dans les *presidios* de la Sonora, de la Nouvelle-Biscaye, et de la Nouvelle-Galice. Les habitants des provinces intérieures vivent dans un état de guerre perpétuelle avec les Indiens nomades, connus sous le nom d'Apaches, Cumanches, Mimbrenos, Yutas, Chichimecas et Taouaiazes. Les *presidios* ou postes militaires ont été établis pour protéger les colons contre les attaques incessantes de ces Indiens qui, armés de flèches qu'ils lancent très adroitement, sont montés sur des chevaux de race espagnole, qui, s'ils ne se distinguent pas par la beauté de leur conformation, sont remarquables par leur ardeur, leur dureté et leur vitesse.

Depuis la fin du xvɪᵉ siècle, où Jean de Onate forma les premiers établissemsnts au Nouveau-Mexique, les chevaux se sont multipliés à tel point dans les Savanes qui s'étendent à l'est et à l'ouest de Santa-Fe, vers le Missouri et le Rio Gila, que les naturels s'en servent, non-seulement et exclusivement dans leurs incursions guerrières, mais encore ont pris l'habitude de se nourrir de leur chair qu'ils font tout simplement griller sous la cendre, à défaut de la chair de bison. De même que le maïs est cultivé par plusieurs peuples de l'Afrique qui ignorent par quelle voie cette plante leur est parvenue, le cheval se trouve aujourd'hui à l'état domestique, au nord des sources du Missouri, parmi les tribus d'Indiens qui, avant l'expédition du capitaine Klarke, n'avaient jamais eu de communication avec les blancs.

La troupe mexicaine des presidios est exposée à des fatigues continuelles : les soldats qui la composent sont tous natifs de la partie septentrionale du Mexique : ce sont des montagnards de haute taille, extrêmement robustes, accoutumés aux frimats de l'hiver comme à l'ardeur du soleil en été. Constamment sous les armes, ils passent leur vie à cheval : ils font des marches de huit à dix jours à travers des steppes désertes, sans porter avec eux d'autres provisions que de la farine de maïs qu'ils délayent avec de l'eau lorsqu'ils rencontrent une source ou une mare sur leur chemin. Il serait difficile de trouver en Europe une troupe plus légère dans ses mouvements, plus impétueuse dans les combats, plus habituée aux privations et plus exercée à l'équitation que la cavalerie des presidios. Si cette cavalerie ne peut pas toujours empêcher les incursions des Indiens, c'est que ces derniers sont un ennemi qui profite des moindres inégalités du terrain et qui est accoutumé depuis des siècles à tous les stratagèmes de la petite guerre. — Le Mexique, dit M. de Humboldt, devait offrir un étrange spectacle dont le récit est devenu fort rare et qui, mieux que bien des dissertations, nous montre comment se formèrent certains mythes de l'antiquité : c'est une curieuse tradition qui se rattache à l'histoire naturelle et à l'impression que peuvent faire sur les hommes quelques puissants animaux. Lorsque Fernand de Cortez alla à Honduras, il laissa un cheval aux habitants du Yucatan. Craignant d'abord que ce chef redouté ne leur demandât son cheval de guerre et que celui-ci ne vînt à mourir, ils firent une statue à son image, puis ils finirent par l'adorer lui-même et prétendirent le nourrir comme un de leurs dieux ; ils ne lui présentaient à manger que de la volaille et des gibiers exquis qu'ils recouvraient de fleurs. Ils l'avaient surnommé *Tzimin Chac* « le Courrier du tonnerre ». Le pauvre animal mourut bientôt accablé de trop d'honneurs.

Les Indiens qui habitent les diverses parties du Mexique font beaucoup de cas de leurs chevaux et s'en servent principalement pour la chasse : cependant ils les montent aussi pour faire de fréquentes irruptions sur les presidios dont nous avons parlé plus haut.

Dans un pays où il existe une telle quantité de chevaux, tous les habitants doivent être cavaliers : ils le sont, en effet, et déploient dans leurs exercices équestres une audace et une adresse qui laissent bien loin en arrière tous les autres peuples. Ces mêmes Indiens des pampas et des prairies, dont les aïeux s'enfuyaient épouvantés à la vue des chevaux espagnols, sont aujourd'hui, pour ainsi dire, identifiés à ces nobles animaux. Il y a des tribus qui, par suite de l'habitude d'être constamment à cheval, peuvent à peine marcher. Les jambes de ces hommes du désert, affaiblies par le défaut d'exercice, se refusent à un genre de locomotion qu'ils ont en horreur et qu'ils méprisent. L'homme n'est jamais plus beau, selon eux, que lorsque couché sur son cheval, la lance en arrêt, il fond sur son ennemi. Les Guachos, eux-mêmes si bons cavaliers, déclarent qu'il est impossible de lutter de vitesse contre un Indien monté ; ils prétendent que les chevaux des Indiens sont meilleurs que les leurs,

et que les Indiens ont d'ailleurs une telle manière de les exciter par leurs cris et par un mou-
vement particulier de leur corps, que, lors même
qu'ils changeraient de chevaux, les Indiens les
battraient encore. Le fait suivant, cité par la
Revue britannique, prouve que cette opinion
n'est pas exagérée. — Les troupes du général
Rosas surprirent, à Clholeche, une tribu d'Indiens et en tuèrent une trentaine. Le cacique
échappa d'une manière qui surprit tout le monde. Les chefs indiens, et même les principaux de
chaque tribu, ont toujours sous la main un ou
deux chevaux de choix, prêts pour les cas ur-
gents. Le cacique, prenant avec lui son jeune
fils, s'élança sur un de ces chevaux; c'était un
vieux cheval blanc, sans selle ni bride. Pour se
garantir des coups de fusil, il montait à l'indienne, c'est-à-dire avec un bras autour du cou
du cheval et une jambe seulement sur le dos. On
le vit, ainsi suspendu d'un côté de son cheval,
lui caresser la tête et lui parler. Ses adversaires
firent les plus grands efforts pour l'atteindre;
leur commandant changea trois fois de cheval,
mais ce fut en vain; le vieil Indien leur échappa
par la vitesse de son cheval qui, bien qu'accablé
d'années et de service, avait retrouvé la vigueur

de ses jeunes ans pour sauver celui dont il avait comme compris la position dangereuse.

Les colons de la Nouvelle-Bretagne, du Canada et des Indes occidentales se servent de chevaux domestiques qui se distinguent par une grande ardeur, de la vigueur, de la dureté et une assez grande vitesse.

Les chevaux du Canada sont d'origine française et excellents coureurs. La propagation régulière de l'espèce chevaline y a été créée en 1670, sous le règne de Louis XIV. Voici l'état de la distribution des chevaux reproducteurs envoyés de France à plusieurs colons du Canada le 20 août 1670 :

A MM. Talon,   1 jument.

       de Chambly,   2 juments, poil noir, âgées l'une de quatre ans et l'autre de cinq.

             de plus 1 étalon, poil bai, âgé de quatre ans ou environ.

A reporter. . . . 4

Report. . . 4

A MM. de Sorel ,   1 jument.

    de Contrecœur, 1 —

    de Saint-Ours, 1 —

    de Varenne,   1 —

    de la Chesnaye, 2 —

    de la Touche , 1 —

    de Ressentigny, 1 —

    Le Bert ,   1 —

        Total. . 12 juments, 1 étalon.

Les conditions auxquelles lesdits juments et étalon furent distribués étaient : « que les per-
» sonnes au profit et bénéfice desquelles ces ani-
» maux étaient distribués en demeureraient maî-
» tres et propriétaires , pouvant les vendre ,
» échanger et traiter comme leur propre bien
» au bout de trois ans durant lesquels elles se-
» raient obligées de les panser, nourrir et ali-
» menter bien et dûment, de manière qu'il n'en
» arrivât faute par mort.

» — Que, en cas que par négligence, défaut
» de nourriture et de faire veiller à leur conser-

» vation ou autre accident imprévu, autre que de
» force majeure, comme feu du ciel, coups de
» fusil, ou autre de pareille nature il en arrivait
» perte, il en serait payé deux cents livres prix
» de l'achat au receveur établi pour le roi pour
» faire un fond de l'emploi.

» — Que les possesseurs des souches le se-
» raient encore des productions d'icelles, pou-
» lains mâles ou femelles, si tant était qu'elles
» engendrassent autant qu'elles le pouvaient,
» c'est-à-dire une fois en douze mois sans que le
» roi pût rien repéter du chef ou des suivants,
» mais pour obvier à la négligence de ceux qui se
» contenteraient de tirer par le travail de ces ani-
» maux tous les avantages que l'on peut rece-
» voir, se soucieraient peu de remplir les inten-
» tions de Sa Majesté qui regardent la multipli-
» cation de cette espéce, se soucieraient aussi
» peu de les faire couvrir pour les faire emplir,
» lesdits possesseurs seraient obligés de fournir
» au receveur fin des trois ans un poulain d'un
» an ou cent livres à son choix, afin d'engager
» les possesseurs de prendre soin de faire couvrir
» leurs juments dans les temps convenables et
» les conserver dans tous ceux qu'elles seraient

» pleines pour qu'elles missent heureusement
» bas leurs poulains.

» —Que ces conditions qui ne regardaient que
» les juments et non l'étalon seraient insérées
» dans les contrats qui seraient passés pardevant
» notaire, et pour valider et y avoir recours au
» besoin.

» — Que les poulains appartenant au roi ve-
» nant des productions desdites cavales seraient
» élevés aux frais de Sa Majesté, pour être distri-
» bués à l'âge de trois ans aux conventions ci-
» dessus, afin de perpétuer et faire multiplier
» l'espèce de ces animaux jusqu'à ce qu'il y en
» eût suffisamment pour dispenser Sa Majesté
» de faire prendre soin de leur multiplication
» qui se procurerait naturellement par les habi-
» tants du pays.

» — Que ceux qui auraient pris des juments
» seraient obligés de payer par chacun an dix
» livres à celui qui serait chargé de l'étalon public
» de son quartier pour contribuer à la nourri-
» ture et entretien d'icelui, et d'en représenter la
» quittance qu'ils en auraient reçue portant cer-
» tificat que leurs cavales auraient été couvertes

» en saison, à faute de quoi seraient condamnés
» à l'amende de cent livres, et privés de la pro-
» priété et usage de ladite jument pour être
» donnée à un autre. »

Tel était le texte même de l'instruction donnée à Quebec , le 20 août 1670, au nom du roi
par l'intendant Talon.

Cette réglementation de la propagation de
l'élève du cheval fut rigoureusement observée
et amena rapidement les résultats qu'on en atten-
dait, c'est-à-dire une population chevaline suffisante aux besoins de la colonie. Mais quarante ans après, l'espèce se multiplia tellement
qu'il fallut que le gouvernement prît l'initiative
de réprimer la trop grande production ; c'est ce
que constate cet extrait d'un Mémoire du roi
adressé aux sieurs marquis de Vaudreuil , gou-
verneur et lieutenant-général pour Sa Majesté,
et Raudot , intendant de justice, police et finan-
ces en la Nouvelle-France , de Marly, le 10 mai
1740.

« Sa Majesté a été informée que depuis qu'il y
» a un grand nombre de chevaux dans la colonie,

» les habitants accoutumés à s'en servir deve-
» naient efféminés et on avait de la peine à trou-
» ver des hommes propres à aller dans les partis
» qu'on est obligé de faire pendant l'hiver. Sa
» Majesté pour prévenir les inconvénients qui
» pourraient en arriver, ordonne auxdits sieurs
» de Vaudreuil et Raudot de laisser périr par le
» temps ceux qu'il y a de trop, et de régler pour
» l'avenir le nombre nécessaire, et de faire bou-
» cler les juments et couper les étalons, en sorte
» que dans la suite il n'y en puisse avoir que ce
» qu'il en faut indispensablement pour la colo-
» nie. »

Nous devons dire, toutefois, que cet ordre assez bizarre ne fut pas suivi d'exécution. Le roi
se contenta plus tard d'imposer l'entretien d'un
certain nombre de bestiaux en proportion du
nombre des chevaux, et qu'on dut ensuite, pour
faire cesser plus rapidement cette pléthore de
l'espèce chevaline, en envoyer aux Antilles en
échange des produits de ces îles.

Dans l'Amérique septentrionale on se sert du
cheval pendant l'hiver pour les voyages; alors
on le couvre d'une peau et on ne le panse plus.

Aux environs de Hering les chevaux sont vigoureux, dit-on, et parcourent des distances de qua-
tre-vingt-dix milles : cependant il est permis de
douter de la véracité de cette assertion.

Dans les États-Unis de l'Amérique septentrionale on trouve déjà des chevaux croisés de sang
anglais et arabe, et il existe dans quelques localités des courses de chevaux périodiques. La race
de chevaux propre à la Pensylvanie et aux Etats
du Milieu, est celle de « conestoga ». Ils ont les
os minces, les jambes longues et fines; ils sont
souvent hauts de douze à treize poings et conviennent surtout pour le harnais : on se sert des
plus petits pour la chasse.

Les chevaux de Cuba trahissent l'origine espagnole, ceux des colonies anglaises l'origine anglaise dont on constate les preuves évidentes
dans la Virginie et le Kentuky. Un sang plus
noble a déjà été propagé dans cette race : les
étalons les plus remarquables ont été *Shark*,
Tally-Ho et *Hyghfler*.

Roths avance que les chevaux américains sont
d'une nature plus dure et moins exposée aux
maladies que les chevaux anglais, ce qu'on peut

déjà constater à la seconde génération de ceux qu'on y a importés. S'il en est réellement ainsi, ne serait-il pas déjà bon de réimporter cette espèce en Angleterre ?

Avec les données que nous venons d'exposer on conçoit qu'il est difficile de constater le véritable caractère du cheval américain ; mais ce qu'il y a de certain, c'est que le sol et le climat de cette partie du monde sont favorables à l'espèce chevaline, et que la reproduction s'y fait avec une grande rapidité : témoins les innombrables troupes de chevaux sauvages qui couvrent les plaines d'une grande partie de l'Amérique. La propagation de l'élève du cheval pourrait donc y donner de très grands résultats, puisque sans aucun soin, et à l'état sauvage, de si bonnes qualités se remarquent chez ces chevaux.

Le cheval de l'Australie est beaucoup meilleur que celui de l'île de Bornéo ; sa conformation est plus belle et sa taille plus haute. — Le plus grand nombre des chevaux de la Nouvelle-Hollande ont été importés des Indes-Orientales et du cap de Bonne-Espérance, mais on n'en trouve que rarement de bons parmi eux.

On ne peut savoir que très peu de chose sur les espèces de chevaux de l'Australie parce que cette partie du globe consistant en îles couvertes de hautes montagnes, les contrées intérieures en sont inconnues. Nous ne pouvons que constater l'existence, dans les îles de Lazar, Sandwich et de la Société, d'ânes et de mulets qui sans aucun doute y ont été importés d'autres lieux.

LISTE DE MM. LES SOUSCRIPTEURS.

LISTE DE MM. LES SOUSCRIPTEURS. [1]

MM. :

ALLARD (Marcus), à Paris.

D'ANDIGNÉ DE LA CHASSE, représentant du peuple
(Ille-et-Vilaine).

D'ANVIN DE HARDENTHUN, capitaine de remonte
au dépôt d'Aurillac.

AUBERGÉ, représentant du peuple (Seine-et-Marne).

BACHON, professeur d'équitation à l'école de cavalerie
de Saumur.

DE BAISIEUX, professeur d'équitation au manége civil de Lille.

BARCHOU DE PENHOEN, représentant du peuple
(Finistère).

BARRE, représentant du peuple (Seine-et-Oise).

BASTIDE (de La), officier de cavalerie, élève à l'école
de Saumur.

[1] Nous ne donnons que les noms des deux cents premiers.

MM. :

BAUDE (Georges), propriétaire à Paris.

DE BEAULAINCOURT, officier de cavalerie, élève à l'école de Saumur.

BEDEAU (le général), représentant du peuple (Seine).

L. BÉGHIN, propriétaire à Lille.

BELLANGER, professeur d'équitation à Paris.

DE BERTHOIS, officier de cavalerie, élève à l'école de Saumur.

DE BLOIS, représentant du peuple (Finistère).

BOHIN, officier de cavalerie, élève à l'école de Saumur.

BOISGENTIL (Armand), à Paris.

BOSSAN, officier de cavalerie, élève à l'école de Saumur.

H. BOULEY, médecin-vétérinaire, professeur à l'école d'Alfort.

BOURQUENOT (Xavier), propriétaire à Montpellier.

BRISSON (Jules), publiciste, à Paris.

BRYAS (Petit de), représentant du peuple (Pas-de-Calais).

BULLÈS, officier de cavalerie, élève à l'école de Saumur.

MM. :

CAILLER DU TERTRE, représentant du peuple (Ille-et-
Vilaine).

DE CAMAS, propriétaire à Paris.

CASSIN DE KAINLIS, officier de cavalerie, élève à
l'école de Saumur.

CASTELLE, propriétaire à Paris.

DE CASTELLANE, officier de cavalerie, élève à l'école
de Saumur.

DE CAULAINCOURT (DE VICENCE), représentant du
peuple (Calvados).

DE CHAMBURE (PELLETIER), officier de cavalerie, élève
à l'école de Saumur.

DE CHARENCEY, représentant du peuple (Orne).

DE CHAUMONTEL, capitaine de cavalerie, instructeur à l'école de Saumur.

DE CHEVREUSE, propriétaire à Lyon.

E. CHOQUE, représentant du peuple (Nord).

COMMEGRAINE, médecin-vétérinaire de l'arrondisse-
ment d'Autun (Saône-et-Loire).

CORBEN (ÉLIE), propriétaire à Lewarde (Nord).

H. CORNE, représentant du peuple (Nord).

COUSTENOBLE, notaire à Lille.

DE CURCY, propriétaire à Marseille.

MM. :

CUVÉLIER (Henri), négociant à Haubourdin (Nord).

E. DE DAMPIERRE, représentant du peuple (Landes).

DARBLAY, représentant du peuple (Seine-et-Oise).

DARU (Napoléon), représentant du peuple (Manche).

C. DE BUUS D'HOLLEBECQUE, propriétaire à Lille.

DELANNOY, propriétaire à Arras.

DENISSEL, représentant du peuple (Pas-de-Calais).

DERODE (François), maréchal-des-logis-fourrier au 6° régiment d'artillerie.

DEROUBAIX, chef pratique de la ferme-école de Templeuve-en-Pevèle (Nord).

DESJOBERT, représentant du peuple (Seine-Inférieure).

DES ROTOURS DE CHAULIEU, représentant du peuple (Calvados).

DESPETITS DE LA SALLE, officier de cavalerie, élève à l'école de Saumur.

DEVISME, à Paris.

DE DIEULEVEULT, représentant du peuple (Côtes-du-Nord).

C. DOMPIERRE D'HORNOY, représentant du peuple (Somme).

MM. :

DOUAY, représentant du peuple (Pas-de-Calais).

DUPONT-DELPORTE, représentant du peuple (Pas-de-Calais).

DUPONT, capitaine de cavalerie, instructeur à l'école de Saumur.

DUPRÉ, officier de cavalerie, élève à l'école de Saumur.

DUPREZ DES ILES, lieutenant d'artillerie, détaché au dépôt de remonte de Morlaix (Finistère).

DUQUENNE, représentant du peuple (Nord).

ETCHEVARRIA (D. Mariano), professeur à l'université de Madrid.

DE L'ESPINASSE (le colonel), représentant du peuple (Haute-Garonne).

ESTANCELIN, représentant du peuple (Seine-Inférieure).

D'ETRECHY, propriétaire à Amiens.

FRANCOVILLE, représentant du peuple (Pas-de-Calais).

DE FRANQUEVILLE (Edmond), propriétaire à Fécamp.

MM. :

DE GASTINAC, propriétaire à Bordeaux.

GÉRARD, représentant du peuple (Oise).

GIBERT, officier de cavalerie, élève à l'école de Saumur.

GILLON (Paulin), représentant du peuple (Meuse).

GOMÈS (Antonio), chimiste, de Funchal (Ile de Madère).

DE GRAMMONT (le général), représentant du peuple (Loire).

DE GRAMMONT, officier de cavalerie, élève à l'école de Saumur.

GUFFROY-NOTTELLE, à Lille.

GUICHARD, lieutenant au 6e régiment d'artillerie.

DE GUICHEN, lieutenant au 6e régiment de cuirassiers.

GUYON (fils), médecin-vétérinaire à Tonnay-Charente (Charente-Inférieure).

D'HAVRINCOURT, représentant du peuple (Pas-de-Calais).

G. DE HEECKEREN, représentant du peuple (Haut-Rhin).

MM. :

HÉMART DE LA CHARMAIE, officier de cavalerie,
élève à l'école de Saumur.

D'HÉRAMBAULT, représentant du peuple (Pas-de-
Calais).

D'HESPEL (ADALBERT), représentant du peuple (Nord).

D'HOUDETOT, représentant du peuple (Calvados).

HOVYN DE TRANCHÈRE, représentant du peuple

HUMBERT-LERVILLES, propriétaire à Lille.

INNOCENTI, lieutenant de dragons, à l'école de Saumur.

JOSSON, notaire à Lomme (Nord).

JUSSERAND, représentant du peuple (Puy-de-Dôme).

DE KÉRANFLECH, représentant du peuple (Finistère).

DE KERDREL (PAUL), représentant du peuple (Morbihan).

DE KERIDEC, représentant du peuple (Morbihan).

DE KÉROUARTZ, officier de cavalerie, élève à l'école
de Saumur.

KOLB-BERNARD, représentant du peuple (Nord).

LABATUT (ARTHUR), à Paris.

MM. :

DE LACOUR, colonel du 8e régiment de chasseurs à cheval.

LAFAGE, capitaine de cavalerie, commandant le dépôt de remonte d'Hesdin (Pas-de-Calais).

DE LA FOSSE, représentant du peuple (Ille-et-Vilaine).

DE LAGRENÉ, représentant du peuple (Somme).

LAISNÉ, vétérinaire en premier au 7e régiment d'artillerie.

DE LAMORICIÈRE (le général), représentant du peuple (Sarthe).

DE LARCHER (Marc), employé aux contributions indirectes à Carvin (Pas-de-Calais).

DE LAREINTY, capitaine d'état-major, à Paris.

DE LAUSSAT, représentant du peuple (Basses-Pyrénées).

LEBLANC, professeur d'équitation à Paris.

LECOMTE, représentant du peuple (Yonne).

LEDOUX, à Paris.

LE FLO (le général), représentant du peuple (Finistère)

LEGORREC, représentant du peuple (Côtes-du-Nord).

LEGROS-DEVOT, représentant du peuple (Pas-de-Calais).

LELEU, agriculteur à Tilloy (Nord).

MM. :

LEMAIRE, représentant du peuple (Oise).

LEQUIEN, représentant du peuple (Pas-de-Calais).

LHERBETTE, représentant du peuple (Aisne).

LIGIER, officier de cavalerie, élève à l'école de Saumur.

LUNA (DE RAMON), professeur à l'université de Madrid.

DE LUPEL, propriétaire à Paris.

MALINGIÉ, directeur de l'école d'agriculture de la Charmoise (Loir-et-Cher).

MAMFROY, propriétaire à Stambruges (Belgique).

MANESCAU, représentant du peuple (Basses-Pyrénées).

MARIANI, officier de cavalerie, élève à l'école de Saumur.

MARQUIS (ERNEST), professeur d'équitation, à Paris.

MARTEL, représentant du peuple (Pas-de-Calais).

MARTIN, chef d'escadron, commandant le dépôt de remonte de Villers (Ardennes).

DE MARTINEAU, officier de cavalerie, élève à l'école de Saumur.

DE LAMARTINIÈRE, officier de cavalerie, élève à l'école de Saumur.

MM. :

DE MELUN, représentant du peuple (Nord).

DE MÉRODE, représentant du peuple (Nord).

MEYNARD, capitaine d'artillerie, professeur d'équitation à l'école d'application du génie et de l'artillerie.

MONTARSOLO, officier de cavalerie, élève à l'école de Saumur.

MONTIGNY (Cardon de), représentant du peuple (Pas-de-Calais).

DE MONTREVOST, officier de cavalerie, élève à l'école de Saumur.

MOREAU, officier de cavalerie, élève à l'école de Saumur.

MORELLE-CORNET, propriétaire agriculteur à Hébuterne (Pas-de-Calais).

MORELLE (A.), chef de bureau au chemin de fer du Nord à Paris.

DE MORNAY, représentant du peuple (Oise).

J. MULET, maréchal-des-logis-chef au 6e régiment d'artillerie.

NÉGRIER, médecin vétérinaire au dépôt de remonte de Caen.

MM. :

NEUVILLE (Rioult de), représentant du peuple (Calvados).

NORMANT-DES-SALLES, représentant du peuple (Côtes-du-Nord).

O'FARRELL, ancien major de hussards à Annonay (Ardèche).

D'OSVILLE, propriétaire à Nantes.

OUDIN fils, médecin–vétérinaire à Tours.

PARISOT, maréchal-des-logis-chef au 6ᵉ régiment d'artillerie.

PARVAIS, professeur d'équitation à Paris.

PATILLON, capitaine d'artillerie détaché au dépôt de remonte de Morlaix.

PELLIER (Albert), propriétaire à Montpellier.

PELLIER, professeur d'équitation à Paris.

PELOUX (Francisque du), officier de cavalerie, élève à l'école de Saumur.

DE PERSIGNY, représentant du peuple (Nord), ministre plénipotentiaire à Berlin.

PIERRE (Édouard), propriétaire agriculteur à Boësses (Loiret).

PIERRE (Charles Édouard), à Paris.

MM. :

PINOT, officier de cavalerie, élève à l'école de Saumur.

DE PLANCY, représentant du peuple (Aube).

DE PLANCY, représentant du peuple (Oise).

POMMERET, médecin vétérinaire à Lille.

E. PONGÉRARD, représentant du peuple (Ille-et-Vilaine).

PORION, représentant du peuple (Somme).

POSTEL, représentant du peuple (Ille-et-Vilaine).

POTTIN (HENRY), artiste peintre à Paris.

PRADEL (D'ESTÈVE DE), ancien officier, propriétaire à Servian (Hérault).

PRUDHOMME, représentant du peuple (Haut-Rhin).

PURVINSKI, médecin vétérinaire à Laval.

DE QUERHOENT, représentant du peuple (Ille-et-Vilaine).

QUINCEROT (ALFRED), propriétaire à Paris.

DE RANST, propriétaire à Lille.

RENAC, capitaine au 2ᵉ régiment de carabiniers, détaché à la succursale de remonte de Fontenay-le-Comte (Deux-Sèvres).

MM. :

DE RESSÉGUIER, officier de cavalerie, élève à l'école
de Saumur.

REY , capitaine d'artillerie , commandant le dépôt de
remonte de Morlaix.

RICHIER, représentant du peuple (Gironde).

ROGER, représentant du peuple (Nord).

ROLAND, capitaine de cavalerie , instructeur à l'école
de Saumur.

DE ROQUEFEUIL , représentant du peuple (Finistère).

RUELENS , marchand de chevaux, directeur du manége civil de Lille.

DE SAINT-CLOU, propriétaire à Paris.

SAINT-GEORGE (Paul Harscouet de) , représentant
du peuple (Morbihan).

SCRÉPEL (Jean-Baptiste), propriétaire à Roubaix.

SÉON, vétérinaire principal au dépôt de remonte de
Saint-Maixent (Deux-Sèvres).

SÉON (Edouard), médecin-vétérinaire à Lille.

DE SÉRÉVILLE, lieutenant au 1er régiment de carabiniers.

MM. :

SEVAISTRE (Paul), représentant du peuple (Eure).

SEYDOUX, représentant du peuple (Nord).

DE STAPLANDE, représentant du peuple (Nord).

STEINER, officier de cavalerie, élève à l'école de Saumur.

STEVERLYNCK (Auguste), propriétaire à Arras.

SUBY (Auguste), propriétaire à Paris.

TEXIER (Jules), propriétaire à Rouen.

THIEULLEN, représentant du peuple (Côtes-du-Nord).

THOMAS (Camille), à Paris.

THOMAS, officier de cavalerie, élève à l'école de Saumur.

DE TRÉVENEUC, représentant du peuple (Côtes-du-Nord).

VANACKÈRE, médecin vétérinaire à Lille.

VANDAME BUISINE, propriétaire à Lille.

VATEL, médecin vétérinaire à Paris.

VAUDORÉ (Symphorien), représentant du peuple (Orne).

VENDEUVRE (Gabriel de), représentant du peuple (Aube).

MM. :

DE VERNINAC, officier de cavalerie, élève à l'école
de Saumur.

VILLAIN (Eugène), médecin vétérinaire à Evreux.

DE VOGUÉ, représentant du peuple (Cher).

CH. WARTELLE (de Retz), représentant du peuple
(Pas-de-Calais).

TABLE DES MATIÈRES.

Les chevaux de l'Asie.

Les chevaux de l'Afrique.

Les chevaux de l'Amérique et de l'Australie.

FIN DE LA TABLE.

www.ingramcontent.com/pod-product-compliance
Lightning Source LLC
LaVergne TN
LVHW052017060726
842528LV00002B/548